胶州湾主要污染物及其生态过程丛书

# 胶州湾重金属铬的分布、迁移过程及变化趋势

杨东方　王凤友　朱四喜　著

科学出版社

北京

## 内 容 简 介

本书创新地从时空变化来研究铬（Cr）在胶州湾水域的分布和迁移过程。在空间尺度上，通过每年含量数据分析，从含量的大小、水平分布、垂直分布、季节分布、区域分布、结构分布和趋势分布角度，研究铬在胶州湾水域的来源、分布及迁移状况，揭示其含量的时空迁移规律。在时间尺度上，通过四年的数据探讨，研究铬在胶州湾水域的变化过程，揭示了其迁移过程和变化趋势：①含量的年份变化；②污染源变化过程；③陆地迁移过程；④沉降过程；⑤水域迁移趋势过程；⑥水域垂直迁移过程。在时间和空间尺度上，通过 HCH、PHC、Hg、Pb 和 Cr 在水体中的迁移过程研究，提出了：物质含量的均匀性理论、环境动态理论、水平损失量理论、水域迁移趋势理论和水域垂直迁移理论。展示了物质在水体中的动态迁移过程所形成的理论。这些规律、过程和理论不仅为研究铬在水体中的迁移提供了理论依据，也为其他物质在水体中的迁移研究给予了启迪。

本书适合海洋学、环境学、化学、生物学、生态学，特别是海湾生态学和河口生态学的科研工作者参考。

**图书在版编目（CIP）数据**

胶州湾重金属铬的分布、迁移过程及变化趋势/杨东方，王凤友，朱四喜著.—北京：科学出版社，2017.3
（胶州湾主要污染物及其生态过程丛书）
ISBN 978-7-03-052248-1

Ⅰ.①胶… Ⅱ.①杨… ②王… ③朱… Ⅲ.①黄海–海湾–铬–重金属–污染–研究 Ⅳ.①X55

中国版本图书馆 CIP 数据核字(2017)第 050646 号

责任编辑：马 俊 孙 青 / 责任校对：李 影
责任印制：张 伟 / 封面设计：刘新新

**科 学 出 版 社** 出版
北京东黄城根北街 16 号
邮政编码：100717
http://www.sciencep.com

**北京科印技术咨询服务公司** 印刷
科学出版社发行 各地新华书店经销
\*
2017 年 3 月第 一 版 开本：720×1000 B5
2017 年 8 月第二次印刷 印张：11 1/2
字数：227 000
**定价：98.00 元**
(如有印装质量问题，我社负责调换)

胶州湾水域的 Cr 主要来自河流的输送，在不同月份和不同河流情况下，河流向胶州湾水域输送的 Cr 的含量是相近的。在一年中，河流的输送是胶州湾水域 Cr 的唯一来源，而且，河流向胶州湾水域输送的 Cr 的含量是持续且稳定的。

杨东方

摘自 *The stable and continuous source of Cr in Jiaozhou Bay*，
Advances in Engineering research，2015，1383-1387.

　　在一个水体中，当有 Cr 的输入，在水体中就出现了 Cr 含量的分布是不均匀的；在一个水体中，当没有 Cr 的输入，在水体中就出现了 Cr 含量的分布是均匀的。随着时间变化，水体中的 Cr 的含量经历了由不均匀到均匀的变化过程。这揭示了海洋的潮汐和海流的作用，使海洋具有均匀性特征。因此，作者提出了"物质在水体中的均匀性变化过程"，即海洋使一切物质都在水体中趋于均匀，并使一切物质在水体中向均匀性的趋势进行扩散运动。

杨东方

摘自 *Uniformity changing process of Cr in waters in marine bay.*
Advances in Engineering Research，2016，83：1358-1361.

# 第一著者简介

**杨东方** 1984 年毕业于延安大学数学系（学士）。1989 年毕业于大连理工大学应用数学研究所（硕士），研究方向：Lenard 方程唯 $n$ 极限环的充分条件、微分方程在经济管理、生物学方面的应用。

1999 年毕业于中国科学院青岛海洋研究所（博士），研究方向：营养盐硅、光和水温对浮游植物生长的影响，专业为海洋生物学和生态学。同年在青岛海洋大学化学化工学院和环境科学与工程研究院做博士后研究工作，研究方向：胶州湾浮游植物生长过程的定量化初步研究。2001 年出站后到上海水产大学工作，主要从事海洋生态学、生物学和数学等学科教学，以及海洋生态学和生物地球化学领域的研究。2001 年被国家海洋局北海分局监测中心聘为教授级高级工程师。2002 年被青岛海洋局一所聘为研究员。

2004 年 6 月被核心期刊《海洋科学》聘为编委。2005 年 7 月被核心期刊《海岸工程》聘为编委。2006 年 2 月被核心期刊《山地学报》聘为编委。2006 年 11 月被温州医学院聘为教授。2007 年 11 月被中国科学院生态环境研究中心聘为研究员。2008 年 4 月被浙江海洋学院聘为教授。2009 年 8 月被中国地理学会聘为环境变化专业委员会委员。2011 年 12 月被核心期刊《林业世界》聘为编委。2011 年 12 月被浙江海洋学院聘为生物地球化学研究所所长。2012 年 11 月被国家海洋局闽东海洋环境监测中心站聘为项目办主任。2013 年 3 月被陕西理工学院聘为汉江学者。2013 年 11 月被贵州民族大学聘为教授。2014 年 10 月被中国海洋学会聘为军事海洋学专业委员会委员。2015 年 11 月被陕西国际商贸学院聘为教授。曾参加了国际 GLOBEC（全球海洋生态系统研究）研究计划中的由 18 个国家和地区联合进行的南海考察（在海上历时 3 个月），以及国际 LOICZ（沿岸带陆海相互作用研究）研究计划中在黄海、东海的考察及国际 JGOFS（全球海洋通量联合研究）研究计划中在黄海、东海的考察。并且多次参加了青岛胶州湾、烟台近海的海上调查及数据获取工作。曾参加了胶州湾等水域的生态系统动态过程和持续发展等课题的研究。

发表第一作者的论文 266 篇，第一作者的专著 67 部，授权第一作者的专利 17 项，其他名次论文 48 篇。根据中国知网数据，2017 年 1 月 27 日第一作者的论文 58 篇，一共被引用次数为 950 次。目前，其正在进行西南喀斯特地区、胶州湾、浮山湾和长江口及浙江近岸水域的生态、环境、经济、生物地球化学过程的研究。

# 作者发表的本书主要相关文章

[1] 杨东方, 高振会, 孙静亚, 等. 胶州湾水域重金属铬的分布及迁移. 海岸工程, 2008, 27(4): 48-53.

[2] Yang Dongfang, Wang Fengyou, He Huazhong, et al. Study on the vertical distribution of Cr in Jiaozhou Bay. Applied Mechanics and Materials, 2014, 675-677: 329-331.

[3] Yang Dongfang, Zhu Sixi, Wang Fengyou, et al. The distribution and content of Chromium in Jiaozhou Bay. Applied Mechanics and Materials, 2014, 644-650: 5325-5328.

[4] Yang Dongfang, Zhu Sixi, Wang Fengyou, et al. Study on the source of Cr in Jiaozhou Bay. 2014 IEEE workshop on advanced research and technology industry applications. Part D, 2014: 1018-1020.

[5] Yang Dongfang, Zhu Sixi, Sun Zhaohui, et al. Aggregation process of Cr in bottom waters in Jiaozhou Bay. Advances in Engineering research, 2015, 1375-1378.

[6] Yang Dongfang, Zhu Sixi, Yang Xiuqin, et al. The stable and continuous source of Cr in Jiaozhou Bay. Advances in Engineering research, 2015, 1383-1387.

[7] Yang Dongfang, Wang Fengyou, Sun Zhaohui, et al. Vertical distribution and settling pool of Chromium in the bay mouth of Jiaozhou Bay. Materials Engineering and Information Technology Application, 2015, 562-564.

[8] Yang Dongfang, Wang Fengyou, Zhu Sixi, et al. River as the major source of Cr in Jiaozhou Bay waters. Advances in Engineering Research, 2016, 83: 1341-1344

[9] Yang Dongfang, Zhu Sixi, Wang Fengyou, et al. Uniformity changing process of Cr in waters in marine bay. Advances in Engineering Research, 2016, 83: 1358-1361.

[10] Yang Dongfang, Yang Danfeng, Zhu Sixi, et al. Environmental dynamic value of substance in marine bay, 2015.(accepted)

[11] Yang Dongfang, Wang Fengyou, Zhu Sixi, et al. Diffusion process and distribution of Cr the bottom layer in Jiaozhou Bay waters, 2015.(accepted)

[12] Yang Dongfang, Wang Fengyou, Yang Xiuqin, et al. Vertical distribution and sedimentation of Cr in Jiaozhou bay. International Core Journal of Engineering, 2016, 2(10): 14-17

[13] Yang Dongfang, Wang Fengyou, Zhu Sixi, et al. Horizontal loss velocity model of substance content in marine bay. Advances in Engineering Research, 2016, 107: 304-308.

# 前　　言

　　中国的工业高速发展，处于世界领先地位，城镇化也在强力而快速推进，使老百姓摆脱了贫困，过上了幸福生活。然而在发展过程中，也带来了环境污染。1979 年以来，中国工业迅速发展，重金属，如铬（Cr）大量消费。2006 年，全世界铬及其化合物生产能力为 130 万 t，中国的生产能力为 40 万 t，占世界的30.8%。中国已成为世界上最大铬盐生产和消费国之一。重金属生产和消费在工业的发展中具有不可替代的作用，在宏观经济发展中占有举足轻重的地位。

　　铬是一种微带天蓝色的银白色金属，有很强的钝化性能，在大气中很快钝化，具有较强的耐腐蚀性，而且在碱、硝酸、硫化物、碳酸盐以及有机酸等腐蚀介质中也非常稳定。于是，铬被广泛应用于冶金、化工、铸铁、耐火及高精尖科技领域，用于制造不锈钢、汽车零件、磁带和录像带等。铬已遍及工业、农业、国防、交通运输和人们日常生活的各个领域，人类活动处处都离不开铬及其产品，铬是我们日常生活不可缺失的重要化学元素。

　　在生产和冶炼过程中，铬被向大气、陆地和大海排放，排放途径如下：①含铬废水排放，如铬盐厂洗涤用水和蒸发冷凝水排放等；②含铬废气排放，如回转窑尾气、铬酸酐生产废气排放等；③含铬的废渣排放，铬产品生产厂家的渣滓堆放经过雨雪淋浸，产生铬渗出水。通过这些途径，铬及其化合物在生产过程中产生的含铬废水、废气和废渣，以及这些含铬废弃物所含的六价铬就会被溶出，通过水输送，进入河流、湖泊和海洋或其他地方，造成污染。由此认为，任何地方都可能有铬残留，以各种不同的化学产品和污染物形式存在，通过地表径流和河流，输送到海洋，形成沉降，然后储存在海底。

　　世界各国，尤其是发达国家的发展，都经过了工农业的迅猛发展期和城市化的不断扩张。这个过程造成了铬在工业废水和生活污水中的存在，也在人类经常使用的产品中存在。但铬及其化合物属于剧毒物质，给人类带来了许多疾病，引起人类和动物受疾病折磨，甚至导致死亡。

　　铬存在三种价态：零价、三价和六价。对身体有害的是六价铬，它极易溶于水，易摄入并损害内脏，造成慢性中毒，影响生长发育，严重的还会导致肾衰竭，甚至癌变。另外，零价和三价铬在高温、碱性等条件下能转化为六价铬，被溶出渗入环境中，产生危害。

　　锅具是家庭常用厨具，经常与食物在高温条件下长时间接触，如果锅含有电镀的铬，就含有六价铬。如果锅含有零价和三价铬，在高温、碱性条件下，也能转化为六价铬。六价铬会溶出渗入食物，造成长期慢性中毒。2016 年 9 月 20 日，《京华时报》报道："广州南沙出入境检验检疫局昨天通报，该局日前从韩国进口的炒锅、煎锅和汤锅等食品接触产品中检出重金属铬和蒸发残渣超标。依据《中华人民共和国商品检验法实施条例》的有关规定，检验检疫部门对该批不合格货物实施退运处理。该批原产地为韩国的食品接触产品共 8900 件，有 8 种型号。经检测，抽取样品中有 6 种型号产品不合格，样品不合格率为 75%，不合格内容为重金属铬和蒸发残渣超出限量值，其中 30cm 炒锅的铬含量为 0.101mg/L，超出限量值［≤0.01mg/L（4%乙酸，煮沸 0.5h，室温 24h）］10 倍；24cm 深汤锅蒸发残渣含量为 18.3mg/L，超出限量值［≤6mg/（4%乙酸，煮沸 0.5h，室温 24h）］3 倍"。铬在生物体内累积，通过食物链传递对人类和生态系统都有潜在的危害，因此，研究水体中铬的迁移规律有着非常重要的意义。本书揭示了铬在胶州湾水体中的迁移规律、过程和变化趋势及形成规律等，为铬等污染物的研究提供了理论基础，也为消除其他重金属污染物质在环境中的残留提供了科学研究参考。

本书获得"铬胁迫下人工湿地植物多样性对生态系统功能的影响机制研究"（国家自然科学基金项目 31560107）、西京学院的出版基金、贵州民族大学博点建设文库、"贵州喀斯特湿地资源及特征研究"项目（TZJF-2011 年-44 号）、"喀斯特湿地生态监测研究重点实验室"项目（黔教合 KY 字[2012] 003 号）、教育部新世纪优秀人才支持计划项目（NCET-12-0659）、"西南喀斯特地区人工湿地植物形态与生理的响应机制研究"项目（黔省专合字[2012]71 号）、贵州民族大学引进人才科研项目（[2014]02）、土地利用和气候变化对乌江径流的影响研究项目（黔教合 KY 字[2014] 266 号）、威宁草海浮游植物功能群与环境因子关系项目（黔科合 LH 字[2014] 7376 号）、"铬胁迫下人工湿地植物多样性对生态系统功能的影响机制研究"项目及国家海洋局北海环境监测中心主任科研基金——长江口、胶州湾、浮山湾及其附近海域的生态变化过程项目（05EMC16）的资助。

另外，要特别说明的是，图书每一章都独立解决一个问题，也许其中有些段落与其他章节存在重复，但这样的编写方式，是符合读者阅读的需求的。读者在阅读所需某部分内容时，就能获得较为全面系统的观感，而不需要前后来回翻阅。

有关方面的研究还在进行中，本书仅为阶段性成果的总结，欠妥之处在所难免，恳请读者多多指正。希望读者能和作者一道，使祖国海洋环境学研究有所发展，作者即会甚感欣慰。在各位同仁和老师的鼓励和帮助下，此书得以出版。作者铭感在心，谨致衷心感谢！

杨东方

2016 年 3 月 7 日

# 目　　录

# 概　　述

作者通过对胶州湾水域的研究（2001～2015 年）得到以下主要结果。

（1）根据胶州湾水域铬（Cr）的表层水平分布，研究发现，在空间尺度上，8
月，Cr 在水体中的分布是均匀的。在时间尺度上，5～8 月，由 5 月的 Cr 不均匀
分布转变为 8 月的 Cr 均匀分布。这展示了随着时间的变化，水体中 Cr 的含量由
不均匀到均匀的变化过程。

（2）研究发现，当有 Cr 输入时，水体就出现了 Cr 分布不均匀；当没有 Cr 输
入，水体就出现了 Cr 分布均匀。这揭示了随着时间的变化，水体中 Cr 经历了由不
均匀到均匀的变化过程。证实了作者提出的，物质在水体中的均匀性变化过程。

（3）根据胶州湾水域 Cr 的含量大小、表层水平分布研究，认为胶州湾水域的
Cr 主要来自河流的输送，而且，河流输送的 Cr 的含量非常高。

（4）作者提出了物质含量的环境动态值的定义及结构模型，并确定了该模型
的各个变量：物质含量的基础本底值、物质含量的环境本底值、物质含量的输入
值及物质含量的环境动态值。于是，应用该模型就可以确定物质含量在水域中的
变化过程、变化区域及结构变量，为制定物质含量在水域中的标准及划分物质含
量在水域中的变化程度都提供了科学依据。

（5）研究发现，Cr 经过了垂直水体的效应作用，出现了 Cr 的较低含量区。
作者认为，在这里的水域，水流的速度很快，Cr 的较低含量区的出现表明了水体
运动具有将 Cr 发散的过程。对此，作者提出了 Cr 含量发散的过程。

（6）研究发现，在空间尺度、变化尺度和垂直尺度上，Cr 在水体中都保持了
一致性。这揭示了以下规律：Cr 在表层、底层沿梯度的变化趋势是一致的；Cr
在表层、底层的变化量范围基本一样，在表层、底层的变化保持了一致性；Cr 在
表层、底层保持了相近，在表层、底层 Cr 的含量具有一致性。

（7）作者提出了物质含量的水平损失速度模型，以及物质含量的水平绝对损
失速度和物质含量的水平相对损失速度的定义和计算。该模型揭示了物质含量在
水平面上的迁移过程中，单位距离的损失量。物质含量的水平绝对损失速度表明
单位距离的绝对损失量，物质含量的水平相对损失速度表明单位距离的相对损失
量。由此，作者提出的物质水平损失量的规律：对于同一种物质和同一种水体，
这个单位距离的相对损失量是稳定的、恒定的，那么物质含量的水平相对损失速
度对于同一物质和水体是相同的、相近的。

（8）根据作者提出的物质含量的水平损失速度模型，计算结果表明，5月，在胶州湾东部，水体表层Cr从北部的近岸向中部方向，每移动1km，其含量下降13.92μg/L；Cr从中部的近岸向南部的湾口方向，每移动1km，其含量下降2.80μg/L。这也证实了作者提出的物质水平损失量的规律。

（9）研究发现，自1981年以后，河流输送到胶州湾水域的Cr含量比较低，河流都没有受到Cr的任何污染，从河流到一切海洋近岸水域以及海湾水域都非常清洁。

（10）研究发现，自从1981年以后，Cr经过了垂直水体的效应作用下，在胶州湾的底层水域，水质清洁，没有受到任何Cr污染。

（11）根据表层、底层Cr含量的变化范围、水平分布趋势及垂直变化，研究发现，在胶州湾的湾口水域，Cr的来源和特殊的地形地貌决定了Cr的高沉降区域。

（12）研究发现，随着远离来源表层水体中铬含量不断地下降，同样，表层水体中铬含量也在不断地下降。

（13）研究发现，在Cr经过垂直水体的效应作用下，出现了Cr较高含量区。作者认为，在这里的水域，水流速度很快，Cr的较高含量区的出现表明了水体运动具有将Cr含量聚集的过程。对此，作者提出了Cr聚集的过程。

（14）根据Cr含量在胶州湾水域的大小、年份变化和季节变化，发现，1979～1983年（缺1980年），在早期的春季胶州湾受到Cr的中度污染，而到了晚期，春季胶州湾没有受到Cr的任何污染。在夏季、秋季，一直保持着胶州湾没有受到Cr的任何污染，在Cr方面来看，水质非常清洁。

（15）研究发现，1979～1983年（缺1980年），在胶州湾水体中Cr逐年在减少。作者认为，向胶州湾排放的Cr在减少，使得胶州湾水域的Cr含量也在逐渐减少。

（16）根据Cr在胶州湾水域的水平分布和污染源变化。确定了在胶州湾水域Cr污染源的位置、范围、类型和变化特征及变化过程。研究发现，1979～1983年（缺1980年），在胶州湾水体中，Cr来源于河流，即Cr的高含量污染源来自于海泊河、李村河和娄山河，其Cr含量范围为4.17～112.30μg/L。

（17）作者提出Cr污染源的变化过程为两个阶段，并且用两个模型框图说明。这两个阶段为：在1979年和1981年，Cr污染源为中度污染；在1982年和1983年，Cr的污染源为轻微污染。这展示了Cr污染源的变化过程。在这个变化过程中，Cr污染源的含量、水平分布和污染源程度都发生了变化。然而，唯一不变的是Cr的输入方式：河流。

（18）通过在胶州湾水域Cr含量的季节变化和月降水量变化，研究发现，在空间分布上，整个胶州湾水域，向近岸水域输入 Cr 并不是由河流的流量来决定，而主要是由人类的排放来决定的，这展示了铬在陆地的迁移过程：经过地面水和地下水都将铬的残留汇集到河流中，Cr 最后迁移到海洋的水体中。

（19）研究发现，随着铬的消费量逐年增加，可是，人类向环境排放的 Cr 却在逐年减少。这揭示了人类增强了环保意识，加大了环境保护的力度。

（20）根据 1979～1983 年（缺 1980 年）的在胶州湾水域 Cr 的底层分布变化。作者认为，经过水体的 Cr 沉降到海底，Cr 的来源和特殊的地形地貌决定了 Cr 的高沉降区域。这个过程表明了 Cr 在迅速地沉降，并且在底层具有累积的过程。

（21）根据 1979～1983 年（缺 1980 年）的表层、底层 Cr 的水平分布趋势，作者提出 Cr 的水域迁移趋势过程。在这个过程中揭示 Cr 具有迅速的沉降，并且具有海底的累积，这充分表明时空变化的 Cr 的迁移趋势。作者认为，Cr 的水域迁移趋势过程强有力地确定了：在时间和空间的变化过程中，表层的 Cr 含量变化趋势、底层的 Cr 含量变化趋势及表层、底层的 Cr 含量变化趋势的相关性。并且作者进一步提出了 Cr 含量的水域迁移趋势过程模型框图，说明 Cr 含量经过的路径和留下的轨迹，预测表层、底层的 Cr 含量水平分布趋势。

（22）根据 1979～1983 年（缺 1980 年）的在胶州湾水域表层、底层 Cr 的变化及 Cr 的垂直分布，作者提出了 Cr 的绝对沉降量、相对沉降量和绝对累积量、相对累积量。并且计算得到，Cr 的绝对沉降量为 0.30～2.18μg/L，Cr 的相对沉降量为 62.5%～92.8%；Cr 的绝对累积量为 0.37～1.84μg/L，Cr 的相对累积量为 681.4%～1336.3%。这揭示了随着时间变化，Cr 的相对沉降量和相对累积量都是非常稳定的。

（23）根据在胶州湾水域表层、底层 Cr 含量的变化，研究发现，1979～1983 年（缺 1980 年），胶州湾水体中，表层、底层 Cr 含量的变化范围的差，正负值不超过 1.00μg/L，这表明 Cr 含量的表层、底层变化量基本一样。

（24）根据胶州湾水域 Cr 的垂直分布，作者确定了 Cr 的表底层的变化是由河口来源的 Cr 含量高低和经过迁移距离的远近所决定的，并且提出了 Cr 的水域迁移过程中出现的三个阶段。

（25）研究发现，1979～1983 年（缺 1980 年），Cr 的表层、底层变化量及 Cr 的表层、底层垂直变化都充分展示了：Cr 具有迅速的沉降，而且沉降量的多少与含量的高低相一致；Cr 经过了不断地沉降，在海底具有累积作用。这些特征揭示了 Cr 的水域垂直迁移过程。

（26）从含量大小、水平分布、垂直分布、季节分布、区域分布、结构分布和趋势分布的角度，在空间尺度上，阐明了铬在胶州湾水域的来源、水质、分布以及迁移状况等许多迁移规律；在时间尺度上，展示了铬在胶州湾水域的变化过程和变化趋势：①含量的年份变化；②污染源变化过程；③陆地迁移过程；④沉降过程；⑤水域迁移趋势过程；⑥水域垂直迁移过程。这展示了随着时间变化，铬在胶州湾水域的动态迁移过程和变化趋势。

（27）在时间和空间尺度上，通过物质六六六（HCH）、石油（PHC）、汞（Hg）、铅（Pb）、铬在水体中的迁移过程的研究，作者提出了：①物质含量的均匀性理论；②物质含量的环境动态理论；③物质含量的水平损失量理论；④物质含量的水域迁移趋势理论；⑤物质含量的水域垂直迁移理论。展示了物质在水体中的动态迁移过程所形成的理论。

这些规律、过程和理论不仅为研究铬含量在水体中的迁移提供坚实的理论依据，也为其他物质在水体中的迁移研究给予启迪。

# 第1章　胶州湾水域重金属铬的河流来源

铬是哺乳动物生命与健康所需的微量元素，所有铬化合物浓度过高时都有毒性，其毒性与化学价态和用量有关，铬主要以六价和三价两种价态存在，一般六价铬的毒性比三价铬强 100 倍，更易被人体吸收，动物饮水中六价铬的浓度达 5mg/kg 以上时，能引起慢性中毒——铬中毒可引起蛋白质变性、核酸和核蛋白沉淀以及酶系统受到干扰[1~3]。随着城市化进程的加快和经济的持续高速发展，产生大量的含铬废水[4]，排放到河流中，通过河流的输送，铬含量就会被输送到近岸水域，如胶州湾水域。本书根据 1979 年胶州湾的调查资料，研究重金属铬在胶州湾海域的分布、来源状况，为治理重金属铬污染的环境提供理论依据。

## 1.1　背　　景

### 1.1.1　胶州湾自然环境

胶州湾地理位置为东经 120°04′～120°23′，北纬 35°58′～36°18′，在山东半岛南部，面积约为 446km$^2$，平均水深约 7m，是一个典型的半封闭型海湾。胶州湾入海的河流有大沽河和洋河，其径流量和含沙量较大，河水水文特征有明显的季节性变化[5]。还有海泊河、李村河、娄山河等小河流入胶州湾。

### 1.1.2　数据来源与方法

本研究所使用的 1979 年 5 月和 8 月胶州湾水体 Cr 的调查资料由国家海洋局北海监测中心提供。5 月和 8 月，在胶州湾水域设 8 个站位取水样：H34、H35、H36、H37、H38、H39、H40、H41（图 1-1）。分别于 1979 年 5 月和 8 月两次进行取样，根据水深取水样（>10m 时取表层和底层，<10m 时只取表层），进行调查。按照国家标准方法进行胶州湾水体 Cr 的调查，该方法被收录在国家的《海洋监测规范》中（1991 年）[6]。

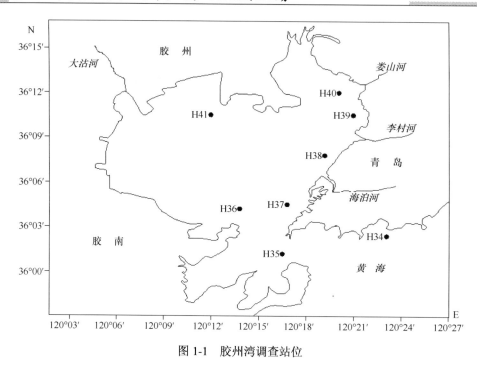

图 1-1　胶州湾调查站位

# 1.2　铬 的 分 布

## 1.2.1　含 量 大 小

5 月和 8 月，胶州湾北部沿岸水域 Cr 含量比较高，南部湾口水域 Cr 含量比较低。5 月和 8 月，Cr 在胶州湾水体中的含量范围为 0.10～112.30μg/L，符合国家一类、二类、三类海水水质标准。5 月，胶州湾水域 Cr 含量范围为 0.20～112.30μg/L，符合国家一类、二类、三类海水水质标准。8 月，胶州湾水域 Cr 含量范围为 0.10～1.40μg/L，符合国家一类海水水质标准（50.00μg/L）。因此，5 月和 8 月，Cr 在胶州湾水体中的含量范围为 0.10～112.30μg/L，符合国家一类、二类、三类海水水质标准。这表明在 Cr 含量方面，5 月和 8 月，在胶州湾整个水域，水质受到 Cr 的中度污染（表 1-1）。

表 1-1　5 月和 8 月的胶州湾表层水质

| 项目 | 5 月 | 8 月 |
| --- | --- | --- |
| 海水中 Cr 含量/（μg/L） | 0.20～112.30 | 0.10～1.40 |
| 国家海水标准 | 一类、二类、三类水水质标准 | 一类海水水质标准 |

### 1.2.2　表层水平分布

5 月，在胶州湾东北部，娄山河和李村河的入海口之间的近岸水域 H39 站位，Cr 的含量很高，达到 112.30μg/L，以东北部近岸水域为中心形成了 Cr 的高含量区，从湾的北部到南部形成了一系列不同梯度的半个同心圆。Cr 含量从中心的高含量（112.30μg/L）沿梯度递减到湾南部湾口内侧水域的 0.20μg/L（图 1-2）。

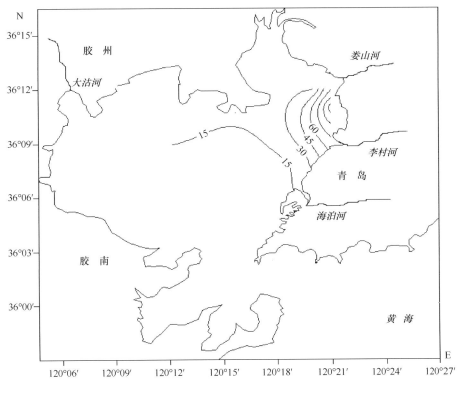

图 1-2　5 月表层铬含量（μg/ L）

8 月，在胶州湾湾内东部，海泊河入海口附近的近岸水域 H38 和 H37 站位，以及在胶州湾湾外的东部近岸水域 H34 站位，Cr 的含量达到较高（1.40μg/L），这时以湾内和湾外东部近岸水域为中心都形成了 Cr 的高含量区，形成了一系列不同梯度的平行线。Cr 含量从中心的高含量（1.40μg/L）沿梯度递减到胶州湾湾内西部近岸水域的 0.10μg/L（图 1-3）。

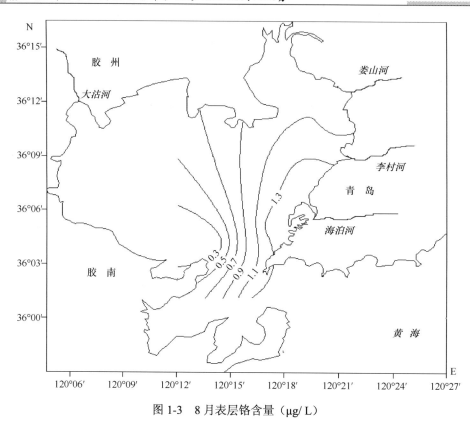

图 1-3　8 月表层铬含量（μg/L）

# 1.3　铬的河流来源

## 1.3.1　水　　质

　　5 月和 8 月，Cr 在胶州湾水体中的含量范围为 0.10~112.30μg/L，符合国家一类海水水质标准（50.00μg/L）、二类海水水质标准（100.00μg/L）和三类海水水质标准（200.00μg/L）。这表明在 Cr 含量方面，5 月和 8 月，在胶州湾水域，水质受到 Cr 的中度污染。

　　5 月，Cr 在胶州湾水体中的含量范围为 0.10~112.30μg/L，胶州湾水域受到 Cr 的中度污染。在胶州湾，以娄山河的入海口近岸水域到李村河的入海口近岸水域，这两个入海口之间的东北部沿岸水域，Cr 的含量变化范围表明此水域的水质，在 Cr 含量方面，达到了三类海水水质标准，水质受到了 Cr 的中度污染。以娄山河的入海口近岸水域到海泊河的入海口近岸水域，这两个入海口之间的东北部沿岸水域，Cr 的含量变化范围为 19.00~112.30μg/L，这表明此水域的水质，在 Cr

含量方面，达到了一类、二类、三类海水水质标准，水质受到了 Cr 的中度污染。从海泊河的入海口近岸水域一直到湾口水域，Cr 的含量变化范围小于 0.20μg/L，这表明此水域的水质，在 Cr 含量方面，不仅达到了一类海水水质标准，而且小于 1.00μg/L，水质非常清洁。

8 月，Cr 在胶州湾水体中的含量范围为 0.10～1.40μg/L，胶州湾水域没有受到 Cr 的任何污染。因此，整个胶州湾水域，在 Cr 含量方面，不仅达到了一类海水水质标准（50.00μg/L），而且远小于 50.00μg/L，也小于 2.00μg/L，水质非常清洁。

### 1.3.2  来    源

5 月，胶州湾东北部的水体中，在娄山河和李村河的入海口之间的近岸水域，形成了 Cr 的高含量区，这表明了 Cr 的来源是来自河流的输送，其 Cr 含量为 112.30μg/L。输送的 Cr 含量沿梯度下降，导致了 Cr 含量在湾南部的湾口内侧水域为 0.20μg/L。

8 月，在胶州湾湾内和湾外的东部近岸水域，形成了 Cr 的高含量区（1.40μg/L）。这个 Cr 高含量远小于 50.00μg/L，也小于 2.00μg/L。这表明在胶州湾水域，Cr 没有任何来源，水质非常清洁。

胶州湾水域 Cr 有一个来源，来自河流的输送。来自河流输送的 Cr 含量为 112.30μg/L。从河流输送的 Cr 含量考虑，来自娄山河和李村河河流输送的 Cr 含量为 112.30μg/L。因此，娄山河和李村河的河流输送，给胶州湾输送的 Cr 含量都超过国家一类海水水质标准（50.00μg/L）、二类海水水质标准（100.00μg/L），符合国家三类海水水质标准（200.00μg/L）。这表明娄山河和李村河的河流都受到 Cr 含量的中度污染。

## 1.4  结    论

5 月和 8 月，Cr 在胶州湾水体中的含量范围为 0.10～112.30μg/L，符合国家一类海水水质标准（50.00μg/L）、二类海水水质标准（100.00μg/L）和三类海水水质标准（200.00μg/L）。这表明在 Cr 含量方面，5 月和 8 月，在胶州湾水域，水质受到 Cr 的中度污染。5 月，胶州湾东北部沿岸水域 Cr 含量比较高，而南部沿岸水域 Cr 含量比较低。8 月，胶州湾的湾内和湾外水域 Cr 含量都比较低。

胶州湾水域 Cr 含量有一个来源，是来自河流的输送，来自河流输送的 Cr 含量为 112.30μg/L。这揭示了河流输送的 Cr 含量给胶州湾带来了远高于胶州湾水域的 Cr 含量。由此认为，河流都受到 Cr 含量的中度污染。因此，人类一定要减少对河流的 Cr 排放，这样，可从一切近岸水域到外海水域都尽可能地减少对海洋的 Cr 污染。

# 参 考 文 献

[1]  王振来, 钟艳玲. 微量元素铬的研究进展. 中国饲料, 2001, 4: 16-17.

[2]  Cranston R E , Murry J W. Chromium species in the Columbia River and estuary. Limnol Oceanogr, 1980, 25(6): 1104-1112.

[3]  黄华瑞, 庞学忠. 渤海湾海水中铬的形态. 海洋学报, 1985, 7(4): 442-452.

[4]  Mangabeira P A O. Accumulation chromium in root tissues of *Eichhornia crassipos*(Mart.)Solms, in Cachoeira river-Brazil. Applied Surface Science, 2004, 2: 497-511.

[5]  Yang D F, Chen Y, Gao Z H, et al. Silicon Limitation on primary production and its destiny in Jiaozhou Bay, China IV Transect offshore the coast with estuaries. Chin J Oceanol Limnol, 2005, 23(1): 72-90.

[6]  国家海洋局. 海洋监测规范( HY003.4-91). 北京: 海洋出版社, 1991: 205-282.

# 第2章 胶州湾水域铬的均匀性变化过程

随着城市化进程的加快和经济的持续高速发展，环境的污染日益严重。许多重要工业的产品都含有铬（Cr），Cr 是海洋重要污染物之一[1, 2]，本文根据 1979 年胶州湾的调查资料，对胶州湾水体中 Cr 的水平分布以及均匀性进行分析，确定了胶州湾水体中 Cr 的不均匀性分布和均匀性分布，得到了胶州湾及外海的 Cr 分布状况及均匀性变化过程，为胶州湾水域 Cr 的来源和污染程度及迁移过程研究提供科学理论依据。

## 2.1 背　　景

### 2.1.1　胶州湾自然环境

胶州湾位于山东半岛南部，其地理位置为东经 120°04′～120°23′，北纬 35°58′～36°18′，以团岛与薛家岛连线为界，与黄海相通，面积约为 446km$^2$，平均水深约 7m，是一个典型的半封闭型海湾。胶州湾入海的河流有十几条，其中径流量和含沙量较大的为大沽河和洋河，青岛市区的海泊河、李村河和娄山河等河流，这些河流均属季节性河流，河水水文特征有明显的季节性变化[3, 4]。

### 2.1.2　数据来源与方法

本研究所使用的 1979 年 5 月和 8 月胶州湾水体 Cr 的调查资料由国家海洋局北海监测中心提供。5 月和 8 月，在胶州湾水域设 8 个站位取水样：H34、H35、H36、H37、H38、H39、H40、H41（图 2-1、图 2-2）。分别于 1979 年 5 月和 8 月两次进行取样，根据水深取水样（＞10m 时取表层和底层，＜10m 时只取表层），进行调查采样。按照国家标准方法进行胶州湾水体 Cr 的调查，该方法被收录在国家的《海洋监测规范》中（1991 年）[5]。

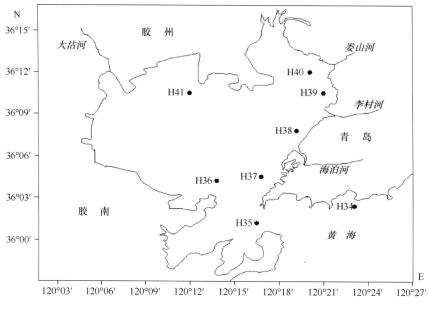

图 2-1  胶州湾调查站位

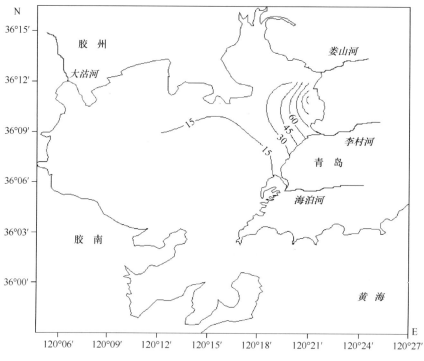

图 2-2  5 月表层铬含量（μg/ L）

# 2.2　铬　的　分　布

## 2.2.1　表层水平分布

5 月，在胶州湾东北部，娄山河和李村河入海口之间的近岸水域 H39 站位，Cr 的含量达到很高（112.30μg/L），以东北部近岸水域为中心形成了 Cr 的高含量区，从湾的北部到南部形成了一系列不同梯度的半个同心圆。Cr 从中心的高含量（112.30μg/L）沿梯度递减到湾南部湾口内侧水域的 0.20μg/L（图 2-2）。

8 月，在胶州湾湾内东部，海泊河入海口附近的近岸水域 H38 和 H37 站位，以及在胶州湾湾外的东部近岸水域 H34 站位，Cr 的含量达到较高，为 1.40μg/L，以湾内和湾外的东部近岸水域为中心都形成了 Cr 的高含量区，形成了一系列不同梯度的平行线。Cr 从中心的高含量（1.40μg/L）沿梯度递减到胶州湾湾内西部近岸水域的 0.10μg/L（图 2-3）。

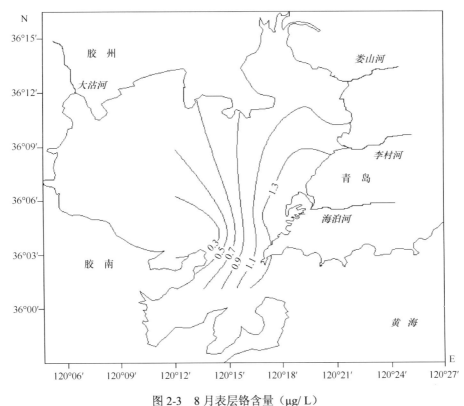

图 2-3　8 月表层铬含量（μg/ L）

### 2.2.2 含量的高值

8月，在胶州湾湾内东部，海泊河入海口附近的近岸水域 H38 站位和湾口内侧的近岸水域 H37 站位，以及在胶州湾湾外的东部近岸水域 H34 站位，Cr 的含量达到 1.40μg/L，H34、H38 和 H37 站位的位置相距很远，H38 和 H37 站位在胶州湾湾内东部水域，H34 站位在胶州湾湾外的东部近岸水域。这表明虽然在不同的水域，Cr 含量的高值都是一致的，Cr 的含量都达到 1.40μg/L。

## 2.3 铬的均匀性变化过程

### 2.3.1 铬含量的均匀性

作者提出了[6]：海洋的潮汐、海流对海洋中所有物质的含量都进行搅动、输送，使海洋中所有物质的含量在海洋水体中都是非常均匀的分布。在近岸浅海主要靠潮汐的作用；在深海主要靠海流的作用，当然还有其他辅助作用，如风暴潮、海底地震等。所以，随着时间的推移，海洋尽可能使海洋中所有物质的含量都分布均匀，故海洋具有均匀性。

在胶州湾水域，1979 年 Cr 水平分布的时空变化充分展示了，在海洋中的潮汐、海流的作用下，Cr 在水体中不断地被摇晃、搅动，水体中 Cr 含量均匀性的变化过程。

### 2.3.2 空间的均匀性分布

8月，在胶州湾，从湾内水域到湾外的整个水域，Cr 的含量变化范围为 0.10～1.40μg/L，这表明 8 月，在胶州湾的整个水域，Cr 含量比较低，而且在湾内和湾外没有任何 Cr 的来源。这充分展示了在湾内和湾外的整个水体中，Cr 含量比较低，Cr 含量的变化范围非常小。因此，在空间尺度上，Cr 含量在水体中的分布是均匀的。

8 月，在胶州湾湾内东部，海泊河入海口附近的近岸水域和湾口内侧的近岸水域，以及在胶州湾湾外的东部近岸水域，这些水域的位置相距很远，但 Cr 的含量却是一致的，都达到 1.40μg/L。这表明了虽然在不同的水域，Cr 含量的高值都是一致的，Cr 的含量都达到 1.40μg/L。因此，在空间尺度上，Cr 在水体中的分布是均匀的。

### 2.3.3　时间的均匀性变化

5 月，胶州湾水域 Cr 有一个来源，来自河流的输送。来自河流输送的 Cr 含量为 112.30μg/L。

5 月，在胶州湾东北部的水体中，当河流向这个水体输送 Cr 含量时，在湾内的整个水体中，Cr 在水体中的分布是不均匀的。

这表明在一个水体中，当有 Cr 输入时，在水体中就出现了 Cr 的分布是不均匀的。

8 月，在胶州湾湾内和湾外的整个水体中，没有任何 Cr 的来源，Cr 在水体中的分布是均匀的。

这表明在一个水体中，当没有 Cr 输入时，在水体中就出现了 Cr 的分布是均匀的。

5～8 月，由 5 月的 Cr 在胶州湾水体中的含量范围为 0.20～112.30μg/L，转变为 8 月的 Cr 在胶州湾水体中的含量范围为 0.10～1.40μg/L。这展示了在海洋中的潮汐、海流的作用下，Cr 在水体中不断地被摇晃、搅动。在时间尺度上，随着时间的变化，水体中 Cr 由不均匀到均匀的变化过程。

在胶州湾水域，1986 年的 Cr 含量水平分布的时空变化中，揭示了在海洋中的潮汐、海流的作用下，使海洋具有均匀性的特征。正如作者指出：海洋的潮汐、海流对海洋中所有物质的含量都进行搅动、输送，使海洋中所有物质的含量在海洋的水体中都是非常均匀的分布[6]。因此，Cr 在水体中的含量的时空变化就展示了物质在海洋中的均匀分布特征。

### 2.3.4　物质含量的均匀分布

作者认为[6]：HCH 的含量在海域水体中分布的均匀性，揭示了在海洋中的潮汐、海流的作用下，使海洋具有均匀性的特征。就像容器中的液体，加入物质，不断地摇晃、搅动，随着时间的推移，使其物质的含量在液体中渐渐的均匀分布。

1985 年，HCH 的含量在海域水体中分布的均匀性，揭示了在海洋中的潮汐、海流的作用下，使海洋具有均匀性的特征[6]。1983 年，PHC 含量在胶州湾的水体中小于 0.12mg/L，就展示了物质在海洋中的均匀分布特征[7]；1983 年，在胶州湾的湾口内底层水域 Cu 含量的底层水平分布，就充分证明了海洋具有均匀性[8]；1985 年，Pb 含量的水平分布和扩展过程揭示了在海洋中的潮汐、海流的作用下，使海洋具有均匀性的特征[9]；1985 年，胶州湾的 Cd 含量表层水平分布，就充分呈现了海洋具有均匀性[10]；1985 年，胶州湾的 Cu 含量表层水平分布，就充分呈现了海洋的均匀性变化过程；1979 年，胶州湾的 Cr 含量在水体中的时空变化，就充分展示了物质在海洋中的均匀分布特征及均匀性变化过程。

这些物质的水平分布和运动过程充分表明海洋使一切物质都在水体中具有均匀性，并且使一切物质在水体中向均匀性的趋势进行扩散运动。因此，作者提出了物质在水体中的均匀性变化过程：在一个水体中，当物质有来源的输入，在水体中就出现了物质含量的分布是不均匀的。当物质来源的输入停止时，在水体中就出现了物质含量的分布是均匀的。物质来源从开始输入物质到结束输入物质，在这个过程中，在水体中就出现了物质含量的分布从不均匀的转变为均匀的。物质在海水中是均匀的，尤其在物质含量低时，就保持了水体的均匀。这展示了经过海水的潮汐和海流的作用，当物质含量低时，水体就更呈现了其均匀性。

# 2.4 结 论

在胶州湾水域，8 月，在湾内和湾外的整个水体中，Cr 含量比较低，Cr 含量的变化范围非常小。因此，在空间尺度上，Cr 在水体中的分布是均匀的。

5 月，当河流向这个水体输送 Cr 时，Cr 在水体中的分布是不均匀的。8 月，没有任何 Cr 的来源，Cr 在水体中的分布是均匀的。5~8 月，由 5 月的 Cr 含量不均匀分布转变为 8 月的 Cr 含量均匀分布。这充分展示了在海洋中的潮汐、海流的作用下，Cr 在水体中不断地被摇晃、搅动。在时间尺度上，随着时间的变化，水体中 Cr 由不均匀到均匀的变化过程。

在一个水体中，当有 Cr 的输入时，在水体中就出现了 Cr 含量的分布是不均匀的；在一个水体中，当没有 Cr 的输入时，在水体中就出现了 Cr 含量的分布是均匀的。随着时间的变化，水体中 Cr 含量经历了由不均匀到均匀的变化过程。这揭示了在海洋中的潮汐、海流的作用下，使海洋具有均匀性的特征。因此，作者提出了《物质在水体中的均匀性变化过程》，海洋使一切物质都在水体中具有均匀性，并且使一切物质在水体中向均匀性的趋势进行扩散运动。

## 参 考 文 献

[1] 王振来, 钟艳玲. 微量元素铬的研究进展. 中国饲料, 2001, 4: 16-17.

[2] Cranston R E, Murry J W. Chromium species in the Columbia River and estuary. Limnol Oceanogr, 1980, 25(6): 1104-1112.

[3] Yang D F, Chen Y, Gao Z H, et al. Silicon Limitation on primary production and its destiny in Jiaozhou Bay, China IV transect offshore the coast with estuaries. Chin J Oceanol Limnol, 2005, 23(1): 72-90.

[4] 杨东方, 王凡, 高振会, 等. 胶州湾浮游藻类生态现象. 海洋科学, 2004, 28(6): 71-74.

[5] 国家海洋局. 海洋监测规范. 北京: 海洋出版社, 1991.

[6]　杨东方, 丁咨汝, 郑琳, 等. 胶州湾水域有机农药六六六的分布及均匀性. 海岸工程, 2011, 30(2): 66-74.

[7]　Yang D F, Wang F Y, Zhu S X, et al. Distribution and homogeneity of petroleum hydrocarbon in Jiaozhou Bay. Proceedings of the 2015 international symposium on computers and informatics. 2015: 2661-2666.

[8]　Yang D F, Zhu S X, Wu Y J, et al. Aggregation, divergence and homogeneity of Cu in Marine bay bottom waters. Advances in Engineering Research. 2015, 31: 1288-1291.

[9]　Yang D F, Yang D F, Zhu S X, et al. The spreading process of Pb in Jiaozhou Bay. Advances in Engineering Research. 2016, Part G: 1921-1926.

[10]　Yang D F, Zhu S X, Wu Y J, et al. Aggregation, divergence and homogeneity of Cu in Marine bay bottom waters. Advances in Engineering Research. 2015, 31: 1288-1291.

# 第3章 物质含量的环境动态值的定义
# 及结构模型

铬（Cr）的开采、冶炼，铬盐的制造、电镀、金属加工、制革、油漆、颜料、印染等工业，都会有铬化合物排出，给海洋带来了大量的 Cr[1, 2]。本文作者提出了物质含量的环境动态值的定义及结构模型，并且根据该结构模型，应用 1979年 5 月和 8 月胶州湾水域调查资料。计算结果表明，胶州湾水体中 Cr 的环境动态值及结构模型，为制定 Cr 在水域中的标准及划分 Cr 在水域中的变化程度都提供了科学依据。

## 3.1 背　　景

### 3.1.1　胶州湾自然环境

胶州湾位于山东半岛南部，其地理位置为东经 120°04′～120°23′，北纬 35°58′～36°18′，以团岛与薛家岛连线为界，与黄海相通，面积约为 446km²，平均水深约 7m，是一个典型的半封闭型海湾。胶州湾入海的河流有十几条，其中径流量和含沙量较大的为大沽河和洋河，青岛市区的海泊河、李村河和娄山河等河流，这些河流均属季节性河流，河水水文特征有明显的季节性变化[3, 4]。

### 3.1.2　数据来源与方法

本研究所使用的 1979 年 5 月和 8 月胶州湾水体 Cr 的调查资料由国家海洋局北海监测中心提供。5 月和 8 月，在胶州湾水域设 8 个站位取水样：H34、H35、H36、H37、H38、H39、H40、H41（图 3-1）。分别于 1979 年 5 月和 8 月两次进行取样，根据水深取水样（>10m 时取表层和底层，<10m 时只取表层），进行调查采样。按照国家标准方法进行胶州湾水体 Cr 的调查,该方法被收录在国家的《海洋监测规范》中（1991 年）[5]。

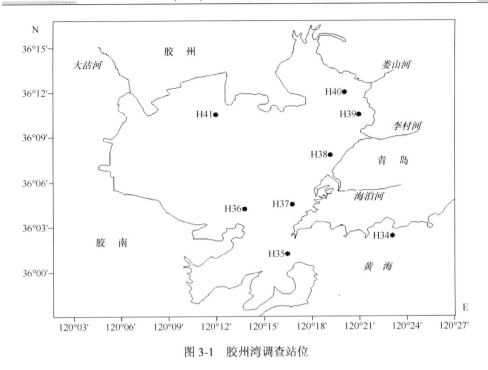

图 3-1　胶州湾调查站位

# 3.2　铬的分布

## 3.2.1　表层含量大小

5 月，胶州湾水域 Cr 含量范围为 0.20～112.30μg/L。8 月，胶州湾水域 Cr 含量范围为 0.10～1.40μg/L。因此，5 月和 8 月，Cr 在胶州湾水体中的含量范围为 0.10～112.30μg/L。

## 3.2.2　来　　　源

5 月，在胶州湾东北部的水体中，娄山河和李村河的入海口之间的近岸水域，形成了 Cr 的高含量区，这表明了 Cr 的来源是来自河流的输送，其 Cr 含量为 112.30μg/L。输送的 Cr 含量沿梯度下降，导致了 Cr 含量在湾南部的湾口内侧水域为 0.20μg/L。

8 月，在胶州湾的整个水域，Cr 含量比较低，只有在胶州湾湾内和湾外的东部近岸水域，形成了 Cr 的相对比较高的含量区（1.40μg/L）。这表明在胶州湾水域，Cr 没有任何来源。

5 月，胶州湾水域 Cr 有一个来源，来自河流的输送。来自河流输送的 Cr 含量为 112.30μg/L。

### 3.2.3 含量的高值

8 月，在胶州湾湾内东部，海泊河入海口附近的近岸水域和湾口内侧的近岸水域，以及在胶州湾湾外的东部近岸水域，Cr 的含量达到 1.40μg/L，这三个水域的彼此位置相距很远，两个水域在胶州湾湾内东部水域，一个水域在胶州湾湾外的东部近岸水域。这表明虽然在不同的水域，Cr 含量的高值都是一致的，Cr 的含量都达到 1.40μg/L。

### 3.2.4 空间的均匀性分布

8 月，在胶州湾，从湾内水域到湾外的整个水域，Cr 的含量变化范围为 0.10～1.40μg/L，这表明 8 月，在胶州湾的整个水域，Cr 含量比较低，而且在湾内和湾外没有任何 Cr 含量的来源。这充分展示了在湾内和湾外的整个水体中，Cr 含量比较低，Cr 含量的变化范围非常小。因此，在空间尺度上，Cr 含量在水体中的分布是均匀的。

8 月，在胶州湾湾内东部，海泊河入海口附近的近岸水域和湾口内侧的近岸水域，以及在胶州湾湾外的东部近岸水域，这些水域的位置相距很远，但 Cr 的含量却是一致的，都达到 1.40μg/L。这表明了虽然在不同的水域，Cr 含量的高值都是一致的，Cr 的含量都达到 1.40μg/L。因此，在空间尺度上，Cr 含量在水体中分布是均匀的。

### 3.2.5 环境本底值的结构

根据杨东方提出的物质在水域的环境本底值结构[6~9]，建立了物质环境本底值的结构模型：

$$H = B + L + M$$

式中，$B$ 为基础本底值（the basic background value），表示此水域本身所具有的物质含量；$L$ 为陆地径流的输入量（the input amount in runoff），表示通过陆地径流输入此水域的物质含量；$M$ 为海洋水流的输入量（the input amount in marine current），表示通过海洋水流输入此水域的物质含量；$H$ 为重金属含量在此水域的环境本底值（the environmental background value）。

进一步将物质在水域的环境本底值结构完善，建立了物质环境动态值的结构

模型:

$$D= B +H+\sum Mi \quad (i=1, 2, \cdots, N)$$

式中, $B$ 为物质含量的基础本底值 (the basic background value), 表示此水域没有任何输入物质的含量时, 该水域本身所具有的物质含量; $H$ 为物质含量的环境本底值 (the environmental background value), 表示此水域有各种途径输入物质的含量时, 该水域所具有的最低物质含量; $Mi$ 为物质含量的输入值 (the input value in the i-th of the i pass ways), 表示通过第 $i$ 个途径输入此水域的物质含量; $N$ 表示输入此水域的物质含量的途径一共有 $N$ 个; $D$ 为物质含量的环境动态值 (the environmental dynamic value in the waters), 表示物质含量在此水域的动态值。

## 3.3　环境动态值的定义及结构模型

### 3.3.1　基础本底值

8 月, 在胶州湾, 从湾内水域到湾外的整个水域, Cr 的含量变化范围为 0.10～1.40μg/L, 这表明 8 月, 在胶州湾的整个水域, Cr 含量比较低, 而且在湾内和湾外没有任何 Cr 含量的来源。而且在空间尺度上, Cr 含量在水体中的分布是均匀的。因此, 胶州湾水体中 Cr 含量的基础本底值是 0.10μg/L。

8 月, 在胶州湾, 海泊河入海口附近的近岸水域和湾口内侧的近岸水域, 以及在胶州湾湾外的东部近岸水域, 这些水域的位置相距很远, 但 Cr 的含量却是一致的, 都达到 1.40μg/L。在空间尺度上, Cr 含量在水体中的分布是均匀的。因此, 胶州湾水体中 Cr 含量的基础本底值是 1.40μg/L,

所以, 在空间尺度上, 没有任何 Cr 含量的来源, 并且 Cr 含量在水体中的分布是均匀的。这样, 该水域 Cr 含量的基础本底值是 0.10～1.40μg/L。

### 3.3.2　环境本底值

5 月, 在胶州湾东北部的水体中, Cr 含量的来源是来自河流的输送, 其 Cr 含量为 112.30μg/L。输送的 Cr 含量沿梯度下降, 导致了 Cr 含量在湾南部的湾口内侧水域为 0.20μg/L。

当有河流输送的 Cr 含量时, 在胶州湾水域, Cr 含量达到最低值 (0.20μg/L)。这样, 该水域的 Cr 含量的环境本底值是 0.20μg/L。

### 3.3.3 环境动态值及其结构

铬的污染主要由工业引起。铬的开采、冶炼，铬盐的制造、电镀、金属加工、制革、油漆、颜料、印染等工业，都会有铬化合物排出。这样，胶州湾水域 Cr 仅仅是来自河流输送。当胶州湾水域有河流输送 Cr，其 Cr 含量为 112.30μg/L，含量比较高。当胶州湾水域没有河流输送 Cr，其 Cr 含量为 1.40μg/L，含量非常低。因此，当没有河流输送 Cr 时，在胶州湾水域，Cr 含量达到最低值，为 0.10～1.40μg/L，于是，Cr 含量的基础本底值为 0.10～1.40μg/L。当河流输送 Cr 时，在胶州湾水域，Cr 含量达到最低值，为 0.20μg/L，于是，Cr 含量的环境本底值为 0.20μg/L。当有河流输送 Cr 含量时，在胶州湾水域，Cr 含量达到最高值，为 112.30μg/L。于是，河流向胶州湾输送的 Cr 含量为 112.30－0.20＝112.10（μg/L）。

通过环境动态值的结构模型，计算得到 Cr 含量在胶州湾水域的环境动态值为 0.20～112.30μg/L（表 3-1）。

表 3-1　Cr 含量在胶州湾水域的环境动态值结构　　　　（单位：μg/L）

| 环境动态值 | 基础本底值 | 环境本底值 | 河流的输入量 |
| --- | --- | --- | --- |
| 0.20～112.30 | 0.10～1.40 | 0.20 | 0.00～112.10 |

在胶州湾水域，通过 Cr 含量的基础本底值、Cr 含量的环境本底值以及 Cr 含量的输入值，构成了 Cr 含量在胶州湾水域的环境动态值。这样，就确定了胶州湾水域 Cr 含量的变化过程及变化趋势。

## 3.4　结　　论

作者提出了物质含量的环境动态值的定义及结构模型，并且确定了该模型的各个变量：物质含量的基础本底值、物质含量的环境本底值、物质含量的输入值以及物质含量的环境动态值。这样，就可以确定物质含量在水域中的变化过程、变化区域及结构变量，为制定物质含量在水域中的标准以及划分物质含量在水域中的变化程度都提供了科学依据。

根据 1979 年 5 月和 8 月胶州湾水域调查资料，应用作者提出的物质含量的环境动态值的定义及结构模型，计算结果表明：在胶州湾水域，Cr 含量的基础本底值为 0.10～1.40μg/L，Cr 含量的环境本底值为 0.20μg/L，Cr 含量的河流输入值为 112.10μg/L，Cr 含量在胶州湾水域的环境动态值为 0.20～112.30μg/L。因此，通过作者提出的结构模型，确定了 Cr 含量在胶州湾水域中的变化过程、变化区域及结构变量。

## 参 考 文 献

[1] 杨东方, 苗振清. 海湾生态学(上册). 北京: 海洋出版社, 2010: 1-320.

[2] 杨东方, 高振会.海湾生态学(下册). 北京: 海洋出版社, 2010: 1-330.

[3] Yang D F, Chen Y, Gao Z H, et al. Silicon Limitation on primary production and its destiny in Jiaozhou Bay, China Ⅳ transect offshore the coast with estuaries. Chin J Oceanol Limnol, 2005, 23(1): 72-90.

[4] 杨东方, 王凡, 高振会, 等.胶州湾浮游藻类生态现象. 海洋科学, 2004, 28(6): 71-74.

[5] 国家海洋局. 海洋监测规范( HY003.4-91). 北京: 海洋出版社, 1991: 205-282.

[6] 杨东方, 陈豫, 王虹, 等. 胶州湾水体镉的迁移过程和本底值结构. 海岸工程, 2010, 29(4): 73-82.

[7] 杨东方, 陈豫, 常彦祥, 等. 胶州湾水体镉的分布及来源. 海岸工程, 2013, 32(3): 68- 78.

[8] Yang D F, Zhu S X, Wang F Y, et al. Persistence of Organic Pesticide HCH in waters.Meterological and Environmental Research, 2014, 5(3): 37-41.

[9] 杨东方, 白红妍, 张饮江, 等. 胶州湾水域有机农药六六六的分布及环境本底值. 海洋开发与管理, 2014, 31(7 ): 112-118.

# 第4章　胶州湾水域铬含量的底层分布及发散过程

铬盐和金属铬广泛用于冶金、化工、电镀、制革、制药及航空工业中，产生大量的含铬废水，经过雨水在陆地的冲刷和河流的输送，铬（Cr）进入海洋水域[1~4]。Cr 来到海洋水体的表层，再从表层穿过水体，来到底层。因此，本文通过 1979 年胶州湾 Cr 的调查资料，研究胶州湾的湾口底层水域，确定 Cr 的含量、分布以及垂直迁移过程，展示了胶州湾底层水域 Cr 的含量现状和分布特征，为 Cr 在底层水域的迁移和存在的研究提供科学依据。

## 4.1　背　　景

### 4.1.1　胶州湾自然环境

胶州湾位于山东半岛南部，其地理位置为东经 120°04′～120°23′，北纬 35°58′～36°18′，以团岛与薛家岛连线为界，与黄海相通，面积约为 446km²，平均水深约 7m，是一个典型的半封闭型海湾。胶州湾入海的河流有十几条，其中径流量和含沙量较大的为大沽河和洋河，青岛市区的海泊河、李村河和娄山河等河流，这些河流均属季节性河流，河水水文特征有明显的季节性变化[5,6]。

### 4.1.2　数据来源与方法

本研究所使用的 1979 年 5 月和 8 月胶州湾水体 Cr 的调查资料由国家海洋局北海监测中心提供。5 月和 8 月，在胶州湾水域设 8 个站位取水样：H34、H35、H36、H37、H38、H39、H40、H41（图 4-1）。分别于 1979 年 5 月和 8 月两次进行取样，根据水深取水样（＞10m 时取表层和底层，＜10m 时只取表层），进行调查采样。按照国家标准方法进行胶州湾水体 Cr 的调查，该方法被收录在国家的《海洋监测规范》中（1991 年）[7]。

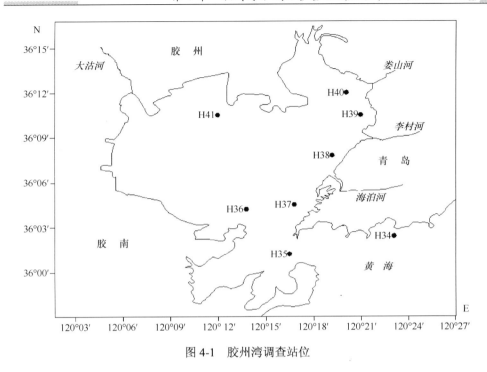

图 4-1 胶州湾调查站位

## 4.2 铬含量的底层分布

### 4.2.1 底层含量大小

8 月，在胶州湾的湾口底层水域，Cr 含量的变化范围为 0.03～0.40μg/L，都符合国家一类海水水质标准（50.00μg/L）。这表明 8 月，在 Cr 含量方面，胶州湾的湾口底层水域 Cr 含量比较低，水质清洁，完全没有受到 Cr 的任何污染（表 4-1）。

表 4-1　8 月的胶州湾底层水质

| 项目 | 8 月 |
| --- | --- |
| 海水中 Cr 含量/（μg/L） | 0.03～0.40 |
| 国家海水标准 | 一类海水 |

### 4.2.2 底层水平分布

8 月，在胶州湾的湾口底层水域，从湾口外侧到湾口，再到湾口内侧，在胶州湾的湾口水域的这些站位：H34、H35、H36，Cr 有底层的调查。那么 Cr 在底层的水平分布如下。

8 月，在胶州湾的湾口底层水域，从湾口内侧到湾口外侧。在胶州湾湾口内侧水域 H36 站位，Cr 的含量达到较高，为 0.40μg/L，以湾外的湾口内侧水域为中心形成了 Cr 的高含量区，形成了一系列不同梯度的平行线。Cr 从湾口内侧的高含量（0.40μg/L）区向东部到湾口外侧水域沿梯度递减为 0.10μg/L（图 4-2）。

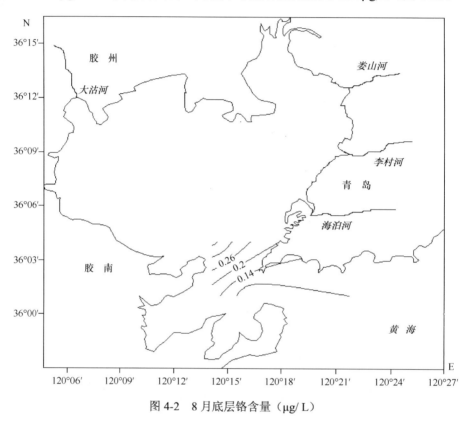

图 4-2    8 月底层铬含量（μg/L）

# 4.3    铬含量的发散过程

## 4.3.1    水　　质

8 月，在胶州湾水域，没有任何 Cr 的来源输送。这样，通过水域自身所具有的 Cr，从表层穿过水体，来到底层。Cr 经过了垂直水体的效应作用[8]，呈现了 Cr 含量在胶州湾的湾口底层水域变化范围为 0.03～0.40μg/L，这远远小于国家一类海水水质标准（50.00μg/L），不到标准的百分之一。这展示了在 Cr 含量方面，胶州湾湾口底层水域的水质清洁，没有受到 Cr 的污染。

## 4.3.2　发　散　过　程

　　胶州湾是一个半封闭的海湾，东西宽 27.8km，南北长 33.3km。胶州湾具有内、外两个狭窄湾口，形成了胶州湾的湾口水域。内湾口位于团岛与黄岛之间；外湾口是连接黄海的通道，位于团岛与薛家岛之间，宽度仅 3.1km。于是，胶州湾的湾口水域具有一条很深的水道，深度达到了 40m 左右。在湾口水道上潮流最强，仅 $M_2$ 分潮流的振幅即达 1m/s，大潮期间观测到的瞬时流速甚至达到 2.01m/s[9]。由于 Cr 含量非常低，不仅远远小于 50μg/L，甚至小于 0.50μg/L。在这样的情况下，经过湾口水道上强有力的潮流，呈现了在胶州湾的湾口水域 H35 站位，在水体底层中出现 Cr 的较低的含量区：8 月，在水体底层中以站位 H35 为中心形成了 Cr 的较低含量区（0.03μg/L）。

　　因此，在胶州湾的湾口底层水域，8 月，出现了 Cr 的较低含量区。在这里的水域，水流的速度很快，Cr 的较低含量区的出现表明了水体运动具有将 Cr 含量发散的过程。

## 4.3.3　垂直水体的效应作用

　　8 月，在胶州湾的湾口内侧水域，没有任何 Cr 的来源输送。那么，从表层穿过水体来到底层的 Cr 是来自该水域自身所具有的 Cr。由于表层的 Cr 含量≤0.10μg/L，这样，Cr 经过了垂直水体的效应作用[8]，呈现了 Cr 在胶州湾的湾口底层水域有少量的累积作用，Cr 含量≤0.40μg/L。

　　8 月，在胶州湾的湾口外侧水域，表层的 Cr 含量达到较高（1.40μg/L）。那么，Cr 从表层穿过水体，来到底层。Cr 经过了垂直水体的效应作用[8]，呈现了 Cr 在胶州湾的湾口底层水域有少量的稀释作用，Cr 含量≤0.10μg/L。

# 4.4　结　　　论

　　8 月，在胶州湾的湾口底层水域，Cr 含量的变化范围为 0.03～0.40μg/L，符合国家一类海水水质标准（50.00μg/L）。而且 Cr 含量远远小于 1.00μg/L。这表明没有受到人为的 Cr 污染。因此，Cr 经过了垂直水体的效应作用，在 Cr 方面，在胶州湾的湾口底层水域，水质清洁，没有受到任何 Cr 的污染。

　　在胶州湾的湾口底层水域，8 月，出现了 Cr 的较低含量区（0.03μg/L）。在这里的水域，水流的速度很快，Cr 的较低含量区的出现表明了水体运动具有将 Cr 含量发散的过程。

8月，在胶州湾的湾口内侧水域，没有任何 Cr 的来源输送。那么，从表层穿过水体，来到底层的 Cr 是来自该水域自身所具有的 Cr。呈现了 Cr 在胶州湾的湾口底层水域有少量的累积作用，Cr 含量≤0.40μg/L。

8月，在胶州湾的湾口外侧水域，表层的 Cr 含量达到较高（1.40μg/L）。那么，Cr 从表层穿过水体，来到底层。呈现了 Cr 在胶州湾的湾口底层水域有少量的稀释作用，Cr 含量≤0.10μg/L。

## 参 考 文 献

[1] 杨东方, 高振会, 孙静亚, 等. 胶州湾水域重金属铬的分布及迁移. 海岸工程, 2008, 27(4): 48-53.

[2] Yang D F, Wang F Y, He H Z, et al. Study on the vertical distribution of Cr in Jiaozhou Bay. Applied Mechanics and Materials , 2014, 675-677: 329-331.

[3] Chen Y, Yu Q H, Li T J, et al. The source and input way of Chromium in Jiaozhou Bay. Applied Mechanics and Materials , 2014, 644-650: 5333-5335.

[4] Yang D F, Zhu S X, Wang F Y, et al. Study on the source of Cr in Jiaozhou Bay. 2014 IEEE workshop on advanced research and technology industry applications. Part D, 2014: 1018-1020.

[5] Yang D F, Chen Y, Gao Z H, et al. Silicon Limitation on primary production and its destiny in Jiaozhou Bay, China Ⅳ Transect offshore the coast with estuaries. Chin J Oceanol Limnol, 2005, 23(1): 72-90.

[6] 杨东方, 王凡, 高振会, 等. 胶州湾浮游藻类生态现象. 海洋科学, 2004, 28(6): 71-74.

[7] 国家海洋局. 海洋监测规范( HY003.4-91). 北京: 海洋出版社, 1991: 205-282.

[8] Yang D F, Wang F Y, He H Z, et al Vertical water body effect of benzene hexachloride. Proceedings of the 2015 international symposium on computers and informatics. 2015: 2655-2660.

[9] 吕新刚, 赵昌, 夏长水. 胶州湾潮汐潮流动边界数值模拟. 海洋学报, 2010, 32(2): 20-30.

# 第5章 胶州湾底层水域的垂直分布及沉降区域

重金属铬（Cr）能引起慢性中毒，铬中毒可引起蛋白质变性、核酸和核蛋白沉淀以及酶系统受到干扰，对人体健康危害巨大。Cr 通过各种途径最终进入了海洋[1~11]。在海洋的水体中，悬浮颗粒物表面形成胶体，吸附了大量的铬离子，并将其带入表层水体，由于重力和水流的作用，铬在不断地沉降到海底[1~11]。因此，本文通过 1979 年胶州湾铬的调查资料，研究胶州湾的湾口表层、底层水域，确定表层、底层 Cr 的水平分布趋势、变化范围以及垂直变化，展示了胶州湾水域 Cr 含量的垂直变化、沉降过程和底层的 Cr 高含量区域，为 Cr 在表层、底层水域的垂直沉降的研究提供科学依据。

## 5.1 背 景

### 5.1.1 胶州湾自然环境

胶州湾位于山东半岛南部，其地理位置为东经 120°04′～120°23′，北纬 35°58′～36°18′，以团岛与薛家岛连线为界，与黄海相通，面积约为 446km$^2$，平均水深约 7m，是一个典型的半封闭型海湾。胶州湾入海的河流有十几条，其中径流量和含沙量较大的为大沽河和洋河，青岛市区的海泊河、李村河和娄山河等河流，这些河流均属季节性河流，河水水文特征有明显的季节性变化[12, 13]。

### 5.1.2 数据来源与方法

本研究所使用的 1979 年 8 月胶州湾水体 Cr 的调查资料由国家海洋局北海监测中心提供。8 月，在胶州湾水域设三个站位取水样：H34、H35、H36（图 5-1）。于 1979 年 8 月进行取样，根据水深取水样（＞10m 时取表层和底层，＜10m 时只取表层），进行调查。按照国家标准方法进行胶州湾水体 Cr 的调查，该方法被收录在国家的《海洋监测规范》中（1991 年）[14]。

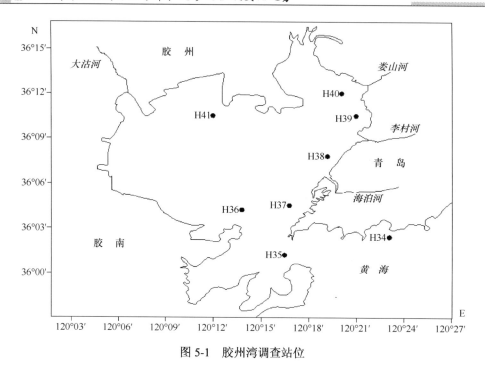

图 5-1 胶州湾调查站位

# 5.2 铬的垂直分布

## 5.2.1 表底层水平分布趋势

在胶州湾的湾口水域，从胶州湾的湾口外侧水域 H34 站位到湾口水域 H35 站位。

8 月，在表层，Cr 含量沿梯度降低，从 1.40μg/L 降低到 1.30μg/L。在底层，Cr 含量沿梯度降低，从 0.10μg/L 降低到 0.03μg/L。这表明表层、底层的水平分布趋势是一致的。

8 月，胶州湾湾口水域的水体中，表层 Cr 的水平分布与底层的水平分布趋势是一致的。

## 5.2.2 表底层变化范围

在胶州湾的湾口水域，8 月，表层含量较低（0.10～1.40μg/L）时，其对应的底层含量就较低（0.03～0.40μg/L）。而且，Cr 的表层含量变化范围（0.10～1.40μg/L）大于底层的含量变化范围（0.03～0.40μg/L），变化量基本一样。因此，Cr 的表层含量低的，对应的底层含量就低。

### 5.2.3　表底层垂直变化

8 月，在这些站位：H34、H35、H36，Cr 的表层、底层含量相减，其差为–0.30～1.30μg/L。这表明 Cr 的表层、底层含量都相近。

8 月，Cr 的表层、底层含量差为–0.86～0.25μg/L。在湾口内西南部水域的 H36 站位为负值，在湾口水域的 H35 站位为正值。在湾外水域的 H34 站位也为正值。2 个站为正值，1 个站为负值（表 5-1）。

表 5-1　在胶州湾的湾口水域 Cr 的表层、底层含量差

| 月份 | H36 | H35 | H34 |
| --- | --- | --- | --- |
| 5 月 | 负值 | 正值 | 正值 |

## 5.3　铬的沉降区域

### 5.3.1　沉　降　过　程

Cr 经过了垂直水体的效应作用[15]，使 Cr 穿过水体后，发生了很大的变化。Cr 易与海水中的浮游动植物以及浮游颗粒结合，具有很强的吸附能力，这一特性对 Cr 元素在海水中的垂直迁移产生了极大的影响。在夏季，海洋生物大量繁殖，数量迅速增加[13]，且由于浮游生物的繁殖活动，悬浮颗粒物表面形成胶体，此时的吸附力最强，吸附了大量的 Cr 离子，并将其带入表层水体，由于重力和水流的作用，Cr 不断地沉降到海底[4~6]。这样，展示了 Cr 的沉降过程。

### 5.3.2　变化的一致性

在空间尺度上，在胶州湾的湾口水域，8 月，胶州湾湾口水域的水体中，表层 Cr 的水平分布与底层的水平分布趋势是一致的。这表明由于 Cr 离子被吸附于大量悬浮颗粒物表面，在重力和水流的作用下，Cr 不断地沉降到海底。于是，Cr 含量在表层、底层沿梯度的变化趋势是一致的。

在变化尺度上，在胶州湾的湾口水域，8 月，Cr 在表层、底层的变化量范围基本一样。而且，Cr 的表层含量低的，对应的底层含量就低。这展示了 Cr 迅速地、不断地沉降到海底，导致了 Cr 在表层、底层含量变化保持了一致性。

在垂直尺度上，在胶州湾的湾口水域，8 月，Cr 的表层、底层含量都相近。

这展示了 Cr 能够从表层很迅速地达到底层，在垂直水体的效应作用[8]下，Cr 含量几乎没有多少损失，因此，Cr 含量在表层、底层保持了相近，在表层、底层 Cr 含量具有一致性。

### 5.3.3　高沉降的区域

在区域尺度上，在胶州湾的湾口水域，Cr 的表层、底层含量相减，这个差值表明了 Cr 在表层、底层的变化。8 月，在胶州湾的湾口内侧水域，没有任何 Cr 的来源输送。那么，从表层穿过水体，来到底层的 Cr 是来自该水域自身所具有的 Cr。于是，通过 Cr 迅速地、不断地沉降到海底，呈现了 Cr 在表层、底层的变化。8 月，在湾口水域和湾外水域，表层的 Cr 含量大于底层的；在湾口内水域，表层的 Cr 含量小于底层的。这表明在湾口水域和湾外水域，Cr 含量在水体中比较高，沉降到海底比较低。而在湾口内水域，Cr 有大量的沉降，故湾口内水域处于底层 Cr 含量的高沉降区域。

## 5.4　结　　论

在胶州湾的湾口水域，8 月，在空间尺度上、在变化尺度上、在垂直尺度上，Cr 含量在水体中都保持了一致性。

在空间尺度上，Cr 含量在表层、底层沿梯度的变化趋势是一致的；在变化尺度上，Cr 含量在表层、底层的变化量范围基本一样，Cr 含量在表层、底层的变化保持了一致性；在垂直尺度上，Cr 含量在表层、底层保持了相近，在表层、底层 Cr 含量具有一致性。

在区域尺度上，8 月，在湾口水域和湾外水域，表层的 Cr 含量大于底层的；在湾口内水域，表层的 Cr 含量小于底层的。这表明在湾口水域和湾外水域，Cr 含量在水体中比较高，沉降到海底比较低。而在湾口内水域，Cr 含量有大量的沉降，故湾口水域处于底层 Cr 含量的高沉降区域。

在胶州湾的湾口水域，Cr 含量的垂直分布确定了湾口内底层水域是 Cr 含量的高沉降区域。因此，通过胶州湾水域 Cr 含量的垂直沉降过程，有效地控制和改善 Cr 含量对水体底层环境的影响。

### 参 考 文 献

[1]　杨东方，苗振清. 海湾生态学(上册). 北京: 海洋出版社，2010: 1-320.
[2]　杨东方，高振会.海湾生态学(下册). 北京: 海洋出版社，2010: 1-330.

[3] 杨东方, 高振会, 孙静亚, 等. 胶州湾水域重金属铬的分布及迁移. 海岸工程, 2008, 27(4): 48-53.

[4] 杨东方, 陈豫, 王虹, 等. 胶州湾水体镉的迁移过程和本底值结构. 海岸工程, 2010, 29(4): 73-82.

[5] 杨东方, 陈豫, 常彦祥, 等. 胶州湾水体镉的分布及来源. 海岸工程, 2013, 32(3): 68- 78.

[6] Yang D F, Wang F Y, He H Z, et al. Study on the vertical distribution of Cr in Jiaozhou Bay. Applied Mechanics and Materials , 2014, 675-677: 329-331.

[7] Chen Y, Yu Q H, Li T J, et al. The source and input way of Cadmium in Jiaozhou Bay. Applied Mechanics and Materials, 2014, 644-650: 5333-5335.

[8] Yang D F, Zhu S X, Wang F Y, et al. Study on the source of Cr in Jiaozhou Bay. 2014 IEEE workshop on advanced research and technology industry applications. Part D, 2014: 1018-1020.

[9] Yang D F, Zhu S X, Wang F Y, et al. The distribution and content of Cadmium in Jiaozhou Bay. Applied Mechanics and Materials , 2014, 644-650: 5325-5328.

[10] Yang D F, Wang F Y, Wu Y F, et al. The structure of environmental background value of Cadmium in Jiaozhou Bay waters. Applied Mechanics and Materials, 2014, 644-650: 5329-5332.

[11] Yang D F, Chen S T, Li B L, et al. Research on the vertical distribution of Cadmium in Jiaozhou Bay waters. Proceedings of the 2015 international symposium on computers and informatics. 2015: 2667-2674.

[12] Yang D F, Chen Y, Gao Z H, et al. Silicon limitation on primary production and its destiny in Jiaozhou Bay, China Ⅳ Transect offshore the coast with estuarie. Chin J Oceanol Limnol, 2005, 23(1): 72-90.

[13] 杨东方, 王凡, 高振会, 等.胶州湾浮游藻类生态现象. 海洋科学, 2004, 28(6): 71-74.

[14] 国家海洋局. 海洋监测规范( HY003.4-91). 北京: 海洋出版社, 1991: 205-282.

[15] Yang D F, Wang F Y, He H Z, et al. Vertical water body effect of benzene hexachloride. Proceedings of the 2015 international symposium on computers and informatics. 2015: 2655-2660.

# 第6章 物质含量的水平损失速度模型的建立及应用

在工业高速发展的过程中，产生大量的含铬废水。铬（Cr）通过各种途径最终进入了海洋[1~11]。在海洋的水体中，悬浮颗粒物表面形成胶体，吸附了大量的铬离子，并将其带入表层水体，由于重力和水流的作用，Cr 在不断地沉降到海底[1~11]。因此，本文作者提出了物质含量的水平损失速度模型，以及物质含量的水平绝对损失速度和物质含量的水平相对损失速度的定义和计算。通过 1979 年胶州湾 Cr 的调查资料，根据作者提出的模型，展示了胶州湾水域 Cr 含量的水平损失速度以及物质水平损失量的规律，为 Cr 在表层水域的水平迁移过程的研究提供科学依据。

## 6.1 背 景

### 6.1.1 胶州湾自然环境

胶州湾位于山东半岛南部，其地理位置为东经 120°04′～120°23′，北纬 35°58′～36°18′，以团岛与薛家岛连线为界，与黄海相通，面积约为 446km²，平均水深约 7m，是一个典型的半封闭型海湾。胶州湾入海的河流有十几条，其中径流量和含沙量较大的为大沽河和洋河，青岛市区的海泊河、李村河和娄山河等河流，这些河流均属季节性河流，河水水文特征有明显的季节性变化[12, 13]。

### 6.1.2 数据来源与方法

本研究所使用的 1979 年 5 月胶州湾水体 Cr 的调查资料由国家海洋局北海监测中心提供。8 月，在胶州湾水域设三个站位取水样：H34、H35、H36（图 6-1）。于 1979 年 5 月进行取样，根据水深取水样（＞10m 时取表层和底层，＜10m 时只取表层），进行调查采样。按照国家标准方法进行胶州湾水体 Cr 的调查，该方法被收录在国家的《海洋监测规范》中（1991 年）[14]。

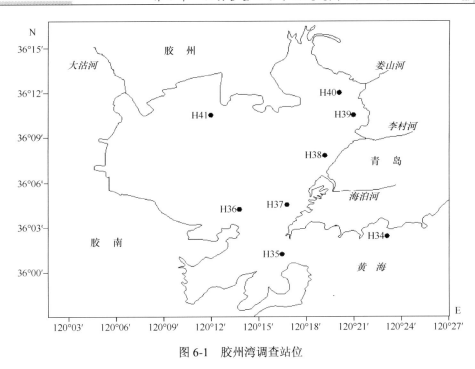

图 6-1　胶州湾调查站位

# 6.2　水平损失速度模型的建立

## 6.2.1　站位的距离

5 月，胶州湾东部的近岸水域，选择三个站位 H37、H38、H39。从北部站点 H39（东经 120°21′，北纬 35°11′）到中部站点 H38（东经 120°19′，北纬 35°08′），再到南部站点 H37（东经 120°17′，北纬 35°05′）（图 6-1）。并且在这三个站位 H37、H38、H39 得到 Cr 含量的值（表 6-1）。

表 6-1　三个站位 H37、H38、H39 的位置及 Cr 含量的值

| 站位 | 经度 | 纬度 | Cr 含量/（µg/L） |
| --- | --- | --- | --- |
| H37 | 120°17′ | 35°05′ | 0.20 |
| H38 | 120°19′ | 35°08′ | 19.00 |
| H39 | 120°21′ | 35°11′ | 112.30 |

计算这三个站位之间的距离：

假设从站点 H39 到站点 H38 距离为 $L_1$，根据 $I'=1858m$，计算 $L_1$ 距离为

$$L_1^2=[（21-19）×1858]^2+[（11-8）×1858]^2$$

$$L_1=3.60\times1858=6699.11（\text{m}）$$

计算得到 $L_1$ 的距离为 6699.11m。

假设从站点 H38 到站点 H37 距离为 $L_2$，根据 $l'$=1858m，计算 $L_2$ 距离为

$$L_2{}^2=[（19-17）\times1858]^2+[（8-5）\times1858]^2$$

$$L_1=3.60\times1858=6699.11（\text{m}）$$

计算得到 $L_2$ 的距离为 6699.11m。

### 6.2.2　表层水平分布

5 月，在胶州湾东北部，在娄山河和李村河的入海口之间的近岸水域 H39
站位，Cr 的含量达到很高，为 112.30μg/L，以东北部近岸水域为中心形成了
Cr 的高含量区，从湾的北部到南部形成了一系列不同梯度的平行线。Cr 含量
从中心的高含量（112.30μg/L）沿梯度递减到湾南部湾口内侧水域的 0.20μg/L
（图 6-2）。

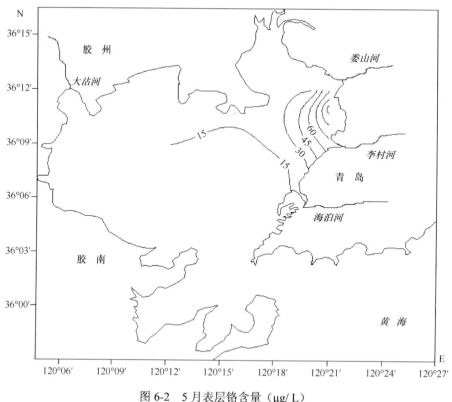

图 6-2　5 月表层铬含量（μg/ L）

### 6.2.3 水平损失速度模型

作者提出了物质含量的水平损失速度模型：假设水体中表层物质含量从 A 点的 $a$ 值降低到 B 点的 $b$ 值，从 A 点到 B 点的距离为 $L$，那么考虑物质含量的水平绝对损失速度为 $V_{sp}$。于是，得到物质含量的水平绝对损失速度模型：

$$V_{asp}=（a-b）/L$$

那么再考虑物质含量的水平相对损失速度为 $V_{sp}$。于是，得到物质含量的水平相对损失速度模型：

$$V_{rsp}=[（a-b）/a]/L=（a-b）/a L$$

这个模型揭示了物质含量在水平面上的迁移过程中，单位距离的损失量。物质含量的水平绝对损失速度表明单位距离的绝对损失量，物质含量的水平相对损失速度表明单位距离的相对损失量。

作者认为，对于同一种物质和同一种水体，这个单位距离的绝对损失量是依靠起点的物质含量在变化。当然，对于任何物质和不同种类的水体，单位距离的绝对损失量也是不同，那么物质含量的水平绝对损失速度对于不同的物质和水体是不同的。

作者认为，对于同一种物质和同一种水体，这个单位距离的相对损失量是稳定的、恒定的，那么物质含量的水平相对损失速度对于同一物质和水体是相同的、相近的。这样，如果知道某一地点的物质含量，就可以预测物质含量在不同地点的值。

## 6.3 水平损失速度模型的应用

### 6.3.1 水平损失速度的计算值

根据物质含量的水平损失速度模型,计算 Cr 含量的水平绝对损失速度值和水平相对损失速度值。

5 月，水体中表层 Cr 的含量从 H39 站位的 112.30μg/L 降低到 H38 站位的 19.00μg/L。Cr 含量的水平绝对损失速度值 $V_{asp}$ =（112.30-19.00）/ 6699.11=1392.72×$10^{-5}$（μg/L）/ m。Cr 含量的水平相对损失速度值 $V_{rsp}$=12.40×$10^{-5}$（μg/L）/m。

同样，5 月，水体中 Cr 的表层含量从 H38 站位的 19.00μg/L 降低到 H37 站位的 0.20μg/L。Cr 含量的水平绝对损失速度值 $V_{asp}$ =（19.00-0.20）/ 6699.11=280.63×$10^{-5}$（μg/L）/ m。Cr 含量的水平相对损失速度值 $V_{rsp}$=14.77×$10^{-5}$（μg/L）/ m。

### 6.3.2　单位的简化

水平绝对损失速度值和水平相对损失速度值的单位都比较复杂，需要简化。作者于是将×$10^{-5}$（µg/L）/ m 称为杨东方数，也可以用于英文，记为 ydf。

如 Cr 含量的水平绝对损失速度值 $V_{asp}$=1392.72×$10^{-5}$（µg/L）/ m，可以称为杨东方数 1392.72，或者也可以称为 1392.72 ydf。

如 Cr 含量的水平相对损失速度值 $V_{rsp}$=12.40×$10^{-5}$（µg/L）/ m，可以称为杨东方数 12.40，或者也可以称为 12.40 ydf。

因此，在任何水体中，任何物质含量的水平损失量的单位都可以用杨东方数或者 ydf 来计量。

### 6.3.3　水平含量的变化

根据物质含量的水平损失速度模型，就可以计算得到水体中表层物质含量，甚至在水体的水平面上，可以计算任何一个地点的物质含量。

根据物质含量的水平绝对损失速度模型，计算得到，5 月，在胶州湾东部，水体中表层 Cr 的含量从北部的近岸向中部方向，每移动 1m，其含量下降 1392.72×$10^{-5}$µg/L，即每移动 1km，其含量下降 13.92µg/L；同样，Cr 的含量从中部的近岸向南部的湾口方向，每移动 1m，其含量下降 280.63×$10^{-5}$µg/L，即每移动 1km，其含量下降 2.80µg/L。

根据物质含量的水平相对损失速度模型，计算得到，5 月，在胶州湾东部，水体中表层 Cr 的含量从北部的近岸向中部方向，Cr 含量的水平相对损失速度值为杨东方数 12.40。同样，Cr 的含量从中部的近岸向南部的湾口方向，Cr 含量的水平相对损失速度值为杨东方数 14.77。这表明 5 月，在胶州湾东部，水体中表层 Cr 的含量从北部的近岸向南部的湾口方向，Cr 含量的水平相对损失速度值为杨东方数 12.40～14.77。这也证实了作者提出的物质水平损失量的规律：对于同一种物质和同一种水体，这个单位距离的相对损失量是稳定的、恒定的，那么物质含量的水平相对损失速度对于同一物质和水体是相同的、相近的。

# 6.4　结　　论

通过 1979 年 5 月胶州湾水域 Cr 含量的水平变化，作者提出了物质含量的水平损失速度模型，以及物质含量的水平绝对损失速度和物质含量的水平相对损失速度的定义和计算。该模型揭示了物质含量在水平面上的迁移过程中，单位距离的损失量。物质含量的水平绝对损失速度表明单位距离的绝对损失量，物质含量的水平相对损失速度表明单位距离的相对损失量。由此，作者提出的物质水平损失量的规律。

根据物质含量的水平损失速度模型，计算 Cr 含量的水平绝对损失速度值和水平相对损失速度值。作者将其复杂单位$\times 10^{-5}$（µg/L）/ m 简化记为杨东方数，或者 ydf。根据物质含量的水平损失速度模型，就可以计算得到水体中表层物质含量，甚至在水体的水平面上，可以计算任何一个表层地点的物质含量。

根据物质含量的水平绝对损失速度模型，计算得到，5 月，在胶州湾东部，水体中表层 Cr 的含量从北部的近岸向中部方向，每移动 1m，其含量下降 $1392.72 \times 10^{-5}$µg/L，即每移动 1km，其含量下降 13.92µg/L；同样，Cr 的含量从中部的近岸向南部的湾口方向，每移动 1m，其含量下降 $280.63 \times 10^{-5}$µg/L，即每移动 1km，其含量下降 2.80µg/L。

根据物质含量的水平相对损失速度模型，计算得到，5 月，在胶州湾东部，水体中表层 Cr 的含量从北部的近岸向中部方向，Cr 含量的水平相对损失速度值为杨东方数 12.40。同样，Cr 的含量从中部的近岸向南部的湾口方向，Cr 含量的水平相对损失速度值为杨东方数 14.77。这表明在 5 月，在胶州湾东部，水体中表层 Cr 的含量从北部的近岸向南部的湾口方向，Cr 含量的水平相对损失速度值为杨东方数 12.40～14.77。这也证实了作者提出的物质水平损失量的规律：对于同一种物质和同一种水体，这个单位距离的相对损失量是稳定的、恒定的，那么物质含量的水平相对损失速度对于同一物质和水体是相同的、相近的。

## 参 考 文 献

[1]　杨东方, 苗振清. 海湾生态学(上册). 北京: 海洋出版社, 2010: 1-320.

[2]　杨东方, 高振会. 海湾生态学(下册). 北京: 海洋出版社, 2010: 1-330.

[3]　杨东方, 高振会, 孙静亚, 等. 胶州湾水域重金属铬的分布及迁移. 海岸工程, 2008, 27(4): 48-53.

[4]　杨东方, 陈豫, 王虹, 等. 胶州湾水体镉的迁移过程和本底值结构. 海岸工程, 2010, 29(4): 73-82.

[5]　杨东方, 陈豫, 常彦祥, 等. 胶州湾水体镉的分布及来源. 海岸工程, 2013, 32(3): 68- 78.

[6]　Yang D F, Wang F Y, He H Z, et al. Study on the vertical distribution of Cr in Jiaozhou Bay. Applied Mechanics and Materials , 2014, 675-677: 329-331.

[7]　Chen Y, Yu Q H, Li T J, et al. The source and input way of Chromium in Jiaozhou Bay. Applied Mechanics and Materials, 2014, 644-650: 5333-5335.

[8]　Yang D F, Zhu S X, Wang F Y, et al. Study on the source of Cr in Jiaozhou Bay. 2014 IEEE workshop on advanced research and technology industry applications. Part D, 2014: 1018-1020.

[9]　Yang D F, Zhu S X, Wang F Y, et al. The distribution and content of Cadmium in Jiaozhou Bay. Applied Mechanics and Materials , 2014, 644-650: 5325-5328.

[10]　Yang D F, Wang F Y, Wu Y F, et al. The structure of environmental background value of Cadmium in Jiaozhou Bay waters. Applied Mechanics and Materials, 2014, 644-650: 5329-5332.

[11]　Yang D F, Chen S T, Li B L, et al. Research on the vertical distribution of Cadmium in Jiaozhou Bay waters.

Proceedings of the 2015 international symposium on computers and informatics. 2015: 2667-2674.

[12] Yang D F, Chen Y, Gao Z H, et al. Silicon Limitation on primary production and its destiny in Jiaozhou Bay, China IV Transect offshore the coast with estuaries. Chin J Oceanol Limnol, 2005, 23(1): 72-90.

[13] 杨东方, 王凡, 高振会, 等. 胶州湾浮游藻类生态现象. 海洋科学, 2004, 28(6): 71-74.

[14] 国家海洋局. 海洋监测规范( HY003.4-91). 北京: 海洋出版社, 1991: 205-282.

[15] Yang D F, Wang F Y, He H Z, et al. Vertical water body effect of benzene hexachloride. Proceedings of the 2015 international symposium on computers and informatics. 2015: 2655-2660.

# 第7章 胶州湾及周边水域都未受铬含量污染

铬盐和金属铬广泛用于冶金、化工、电镀、制革、制药及航空工业中，产生大量的含铬（Cr）废水，通过河流输送到海洋的近岸水域[1~5]，本文通过1981年胶州湾Cr的调查资料，确定了在胶州湾海域，Cr的来源、水平分布以及迁移过程，研究胶州湾水域Cr的含量现状、分布特征和污染状况，为Cr污染环境的治理和修复提供理论依据。

## 7.1 背　　景

### 7.1.1 胶州湾自然环境

胶州湾位于山东半岛南部，其地理位置为东经120°04′～120°23′，北纬35°58′～36°18′，以团岛与薛家岛连线为界，与黄海相通，面积约为446km²，平均水深约7m，是一个典型的半封闭型海湾。胶州湾入海的河流有十几条，其中径流量和含沙量较大的为大沽河和洋河，青岛市区的海泊河、李村河和娄山河等河流，这些河流均属季节性河流，河水水文特征有明显的季节性变化[6,7]。

### 7.1.2 数据来源与方法

本研究所使用的1981年4月和8月胶州湾水体Cr的调查资料由国家海洋局北海监测中心提供。在胶州湾水域，4月和8月，有30个站位取水样：A1、A2、A3、A4、A5、A6、A7、A8、B1、B2、B3、B4、B5、C1、C2、C3、C4、C5、C6、C7、C8、D1、D2、D3、D4、D5、D6、D7、D8、D9（图7-1）。根据水深取水样（＞10m时取表层和底层，＜10m时只取表层），进行调查采样。按照国家标准方法进行胶州湾水体Cr的调查，该方法被收录在国家的《海洋监测规范》中（1991年）[8]。

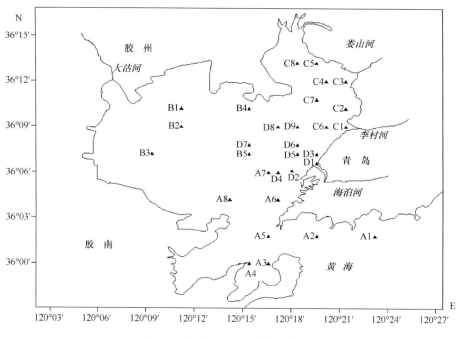

图 7-1  胶州湾 A～D 点调查站位

# 7.2  铬 的 分 布

## 7.2.1  含 量 大 小

4月和8月，Cr在胶州湾水体中的含量范围为0.18～32.32μg/L，符合国家一类海水水质标准。4月，Cr含量在胶州湾表层水体中的范围为0.48～32.32μg/L，在 D1 和 C4 站位 Cr 的含量相对较高，整个水域符合国家一类海水水质标准（50.00μg/L）。8月，表层水体中 Cr 含量明显下降，含量范围为0.18～1.85μg/L，在 D2 站位 Cr 的含量相对较高，整个水域符合国家一类海水水质标准（50.00μg/L），而且远远低于一类海水水质标准，水质没有受到任何 Cr 的污染。因此，4月和8月，Cr 含量在胶州湾水体中的范围为0.18～32.32μg/L，符合国家一类海水水质标准。这表明在 Cr 含量方面，4月和8月，在胶州湾整个水域，水质没有受到 Cr 含量的任何污染，水质非常清洁（表7-1）。

表 7-1  4月、8月的胶州湾表层水质

| 项目 | 4月 | 8月 |
|---|---|---|
| 海水中 Cr 含量/（μg/L） | 0.48～32.32 | 0.18～1.85 |
| 国家海水标准 | 一类海水 | 一类海水 |

### 7.2.2　表层水平分布

4 月，在海泊河的入海口水域 D1 站位，Cr 的含量达到最高，为 32.32μg/L。表层 Cr 含量的等值线（图 7-2），展示以海泊河的入海口水域为中心，形成了一系列不同梯度的半个同心圆。Cr 含量从中心的高含量 32.32μg/L 沿梯度下降，Cr 的含量值从湾东部的 32.32μg/L 降低到湾中心的 0.48μg/L，这说明在胶州湾水体中沿着海泊河的河流方向，Cr 含量在不断地递减。另外，在东北部的中心水域 C4 站位，Cr 含量相对较高，为 25.40μg/L。C4 站位是在娄山河的入海口水域，形成 Cr 的高含量区，形成了一系列不同梯度的半个同心圆。Cr 含量从中心的高含量（25.40μg/L）向周围的水域沿梯度递减到 0.88μg/L（图 7-2）。

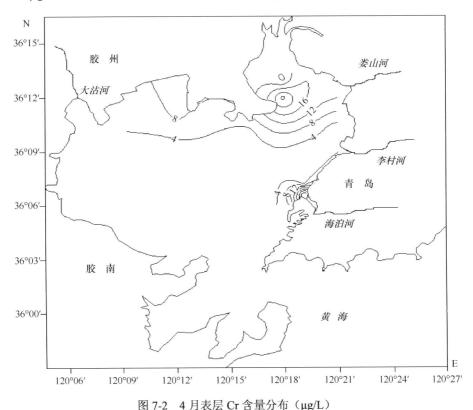

图 7-2　4 月表层 Cr 含量分布（μg/L）

8 月，在海泊河入海口水域的南侧近岸水域 D2 站位，Cr 的含量达到最高，为 1.85μg/L。表层 Cr 含量的等值线（图 7-3），展示以海泊河入海口水域的南侧近岸水域为中心，形成了一系列不同梯度的半个同心圆。Cr 含量从中心的高含量

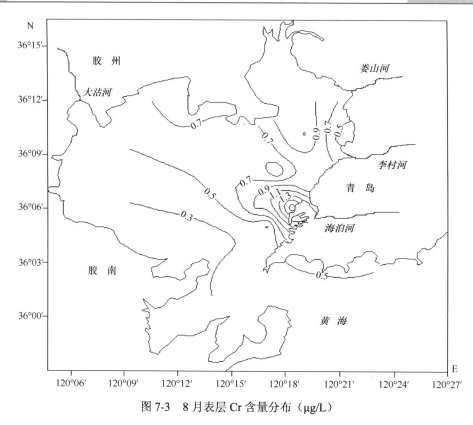

图 7-3　8 月表层 Cr 含量分布（μg/L）

沿梯度下降，Cr 的含量从湾东部的 1.85μg/L 降低到湾中心的 0.70μg/L，这说明在胶州湾水体中，从东部的近岸水域沿着梯度向湾中心的方向，Cr 含量在不断地递减。而且，在胶州湾的大部分水域，Cr 含量变化范围为 0.30～0.90μg/L。

# 7.3　铬的未污染

## 7.3.1　水　　质

4 月和 8 月，Cr 在胶州湾水体中的含量范围为 0.18～32.32μg/L，符合国家一类海水水质标准（50.00μg/L）。这表明在 Cr 含量方面，4 月和 8 月，在胶州湾水域，水质没有受到 Cr 含量的任何污染。

4 月，Cr 在胶州湾水体中的含量范围为 0.48～32.32μg/L，胶州湾水域没有受到任何 Cr 的污染。

在胶州湾，以海泊河的入海口水域为中心，Cr 的含量变化范围为 32.32μg/L，这表明此水域的水质，在 Cr 含量方面，达到了一类海水水质标准，水质没有受到

Cr 的任何污染。以娄山河的入海口近岸水域为中心,Cr 的含量变化范围为 25.40μg/L,这表明此水域的水质,在 Cr 含量方面,达到了一类海水水质标准,水质没有受到 Cr 的任何污染。

从湾中心水域一直到湾口水域,Cr 的含量变化范围小于 4.00μg/L,这表明此水域的水质,在 Cr 含量方面,不仅达到了一类海水水质标准,而且小于 4.00μg/L,水质非常清洁。

8 月,Cr 在胶州湾水体中的含量范围为 0.18～1.85μg/L,胶州湾水域水质没有受到 Cr 的任何污染。

在胶州湾,以海泊河的入海口水域为中心,Cr 的含量变化范围为 1.85μg/L,这表明此水域的水质,在 Cr 含量方面,达到了一类海水水质标准,水质没有受到 Cr 的任何污染。

从湾中心水域一直到湾口水域,Cr 的含量变化范围小于 0.90μg/L,这表明此水域的水质,在 Cr 含量方面,不仅达到了一类海水水质标准,而且小于 0.90μg/L,水质非常清洁。

因此,在整个胶州湾水域,一年中 Cr 含量变化范围为 0.18～32.32μg/L,在 Cr 含量方面,不仅达到了一类海水水质标准(50.00μg/L),而且远小于 50.00μg/L,甚至≤32.32μg/L,这样,一年中胶州湾水域水质没有受到 Cr 含量的任何污染,水质非常清洁。

## 7.3.2　来　　源

4 月,在胶州湾东部的水体中,在海泊河的入海口近岸水域,形成了 Cr 的高含量区,这表明了 Cr 的来源是来自河流的输送,其 Cr 含量为 32.32μg/L。在胶州湾水体中,沿着海泊河的河流方向,输送的 Cr 含量沿梯度下降,降低到湾中心的 0.48μg/L。另外,在娄山河的入海口近岸水域,Cr 的含量形成高含量区,为 25.40μg/L,并且向周围的水域沿梯度递减到 0.88μg/L。这表明 Cr 含量的来源是来自河流的输送。

8 月,在胶州湾东部的水体中,在海泊河的入海口近岸水域,形成了 Cr 的高含量区,这表明了 Cr 的来源是来自河流的输送,其 Cr 含量为 1.85μg/L。

因此,胶州湾水域 Cr 有一个来源,来自河流的输送。来自河流输送的 Cr 含量为 1.85～32.32μg/L。从河流输送的 Cr 考虑,来自海泊河河流输送的 Cr 含量为 1.85～32.32μg/L。来自娄山河河流输送的 Cr 含量为 25.40μg/L。这样,娄山河和海泊河的河流输送,给胶州湾输送的 Cr 含量都符合国家一类海水水质标准(50.00μg/L)。这表明娄山河和海泊河的河流都没有受到 Cr 含量的任何污染。

# 7.4 结 论

4月和8月，Cr在胶州湾水体中的含量范围为0.18～32.32μg/L，符合国家一类海水水质标准（50.00μg/L）。这表明在Cr含量方面，4月和8月，在胶州湾水域，水质没有受到Cr的任何污染。4月，胶州湾东北部沿岸水域Cr含量比较高，而南部沿岸水域Cr含量比较低。8月，胶州湾的湾内和湾外水域Cr含量都比较低。

胶州湾水域Cr有一个来源，是来自河流的输送。来自河流输送的Cr含量为1.85～32.32μg/L。这揭示了河流输送的Cr给胶州湾带来了较高于胶州湾水域的Cr含量，但远远低于国家一类海水水质标准（50.00μg/L）。由此认为，河流都没有受到Cr的任何污染。因此，人类一定要减少对于河流的Cr排放，这样，从河流到一切海洋近岸水域以及海湾水域都尽可能免受Cr污染。

## 参 考 文 献

[1] 杨东方, 苗振清. 海湾生态学(上册). 北京: 海洋出版社, 2010: 1-320.

[2] 杨东方, 高振会. 海湾生态学(下册). 北京: 海洋出版社, 2010: 1-330.

[3] 杨东方, 高振会, 孙静亚, 等. 胶州湾水域重金属铬的分布及迁移. 海岸工程, 2008, 27(4): 48-53.

[4] Yang D F, Wang F Y, He H Z, et al. Study on the vertical distribution of Cr in Jiaozhou Bay. Applied Mechanics and Materials, 2014, 675-677: 329-331.

[5] Yang D F, Zhu S X, Wang F Y, et al. Study on the source of Cr in Jiaozhou Bay. 2014 IEEE workshop on advanced research and technology industry applications. Part D, 2014: 1018-1020.

[6] Yang D F, Chen Y, Gao Z H, et al. Silicon Limitation on primary production and its destiny in Jiaozhou Bay, China IV Transect offshore the coast with estuaries. Chin J Oceanol Limnol, 2005, 23(1): 72-90.

[7] 杨东方, 王凡, 高振会, 等.胶州湾浮游游藻类生态现象. 海洋科学, 2004, 28(6): 71-74.

[8] 国家海洋局. 海洋监测规范( HY003.4-91). 北京: 海洋出版社, 1991: 205-282.

# 第8章　胶州湾底层水域铬含量的时空变化

铬（Cr）通过河流输送到海洋的近岸水域进入海洋水域[1~4]。Cr 来到海洋水体的表层，再从表层穿过水体，来到底层。因此，本文通过 1981 年胶州湾 Cr 的调查资料，研究胶州湾的底层水域，确定 Cr 的含量、分布以及垂直迁移过程，展示了胶州湾底层水域 Cr 的含量现状和分布特征，为 Cr 在底层水域的迁移和存在的研究提供科学依据。

## 8.1　背　　景

### 8.1.1　胶州湾自然环境

胶州湾位于山东半岛南部，其地理位置为东经 120°04′～120°23′，北纬 35°58′～36°18′，以团岛与薛家岛连线为界，与黄海相通，面积约为 446km²，平均水深约 7m，是一个典型的半封闭型海湾。胶州湾入海的河流有十几条，其中径流量和含沙量较大的为大沽河和洋河，青岛市区的海泊河、李村河和娄山河等河流，这些河流均属季节性河流，河水水文特征有明显的季节性变化[6, 7]。

### 8.1.2　数据来源与方法

本研究所使用的 1981 年 4 月和 8 月胶州湾水体 Cr 的调查资料由国家海洋局北海监测中心提供。在胶州湾底层水域，4 月和 8 月，有 9 个站位取水样：A1、A2、A3、A5、A6、A7、A8、B5、D5（图 8-1）。根据水深取水样（＞10m 时取表层和底层，＜10m 时只取表层），进行调查采样。按照国家标准方法进行胶州湾水体 Cr 的调查，该方法被收录在国家的《海洋监测规范》中（1991 年）[8]。

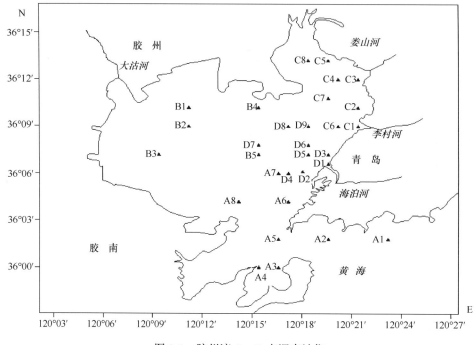

图 8-1  胶州湾 A～D 点调查站位

# 8.2  铬的水平分布

## 8.2.1  含量大小

4 月，在胶州湾的湾中心底层水域，站位为 A7、A8、B5、D5，这 4 个站位构成了胶州湾的中心底层水域。Cr 含量的变化范围为 0.50～3.78μg/L，都符合国家一类海水水质标准（50.00μg/L）。这表明 4 月，在 Cr 含量方面，在胶州湾的湾中心底层水域，Cr 含量比较低，水质清洁，完全没有受到 Cr 的任何污染（表 8-1）。

表 8-1  4 月和 8 月的胶州湾底层水质

| 项目 | 4 月 | 8 月 |
| --- | --- | --- |
| 海水中 Cr 含量/（μg/L） | 0.50～3.78 | 0.14～1.42 |
| 国家海水标准 | 一类海水 | 一类海水 |

8 月，在胶州湾的湾口底层水域，从湾口外侧到湾口，再到湾口内侧，站位为 A1、A2、A3、A5、A6、A8、B5。其中 A1、A2 构成湾口外侧底层水域，A3、

A5 构成湾口底层水域，A6、A8、B5 构成湾口内侧底层水域，这 7 个站位构成了胶州湾的湾口底层水域，即从湾口外侧到湾口，再到湾口内侧。在这胶州湾的湾口底层水域，Cr 含量的变化范围为 0.14～1.42μg/L，都符合国家一类海水水质标准（50.00μg/L）。这表明 8 月，在 Cr 含量方面，在胶州湾的湾口底层水域，Cr 含量很低，甚至与国家一类海水水质标准相比，要相差两个数量级，该水域水质清洁，完全没有受到 Cr 的任何污染（表 8-1）。

## 8.2.2　水　平　分　布

4 月，在胶州湾的湾中心底层水域，站位为 A7、A8、B5、D5，这 4 个站位构成了胶州湾的中心底层水域。在胶州湾的湾内东部近岸底层水域 D5 站位，Cr 的含量达到较高（3.78μg/L），以湾内的东部近岸底层水域为中心形成了 Cr 的高含量区，形成了一系列不同梯度的平行线。Cr 底层含量从湾东部近岸水域到湾中心、一直到湾西部近岸水域是逐渐递减，从 3.78μg/L 减少到 0.50μg/L（图 8-2）。

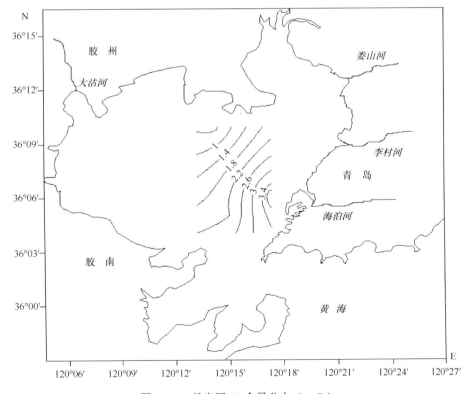

图 8-2　4 月底层 Cr 含量分布（μg/L）

8 月，在胶州湾的湾口底层水域，站位为 A1、A2、A3、A5、A6、A8、B5。其中 A1、A2 构成湾口外侧底层水域，A3、A5 构成湾口底层水域，A6、A8、B5 构成湾口内侧底层水域，这 7 个站位构成了胶州湾的湾口底层水域，即从湾口外侧到湾口，再到湾口内侧。在胶州湾的湾口底层水域 A6 站位，Cr 的含量达到较高（1.42μg/L），以海泊河入海口的南侧近岸底层水域为中心形成了 Cr 的高含量区，形成了一系列不同梯度的平行线。Cr 底层含量从海泊河入海口的南侧近岸底层水域到湾口西部水域逐渐递减，从 1.42μg/L 减少到 0.14μg/L（图 8-3）。

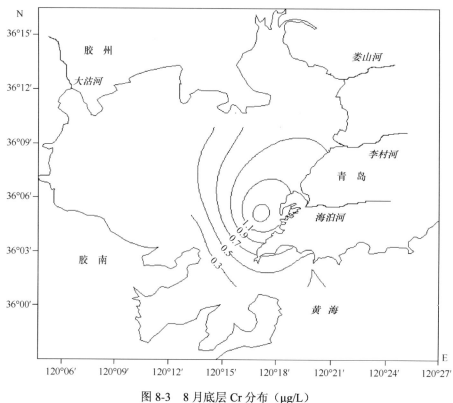

图 8-3  8 月底层 Cr 分布（μg/L）

# 8.3  铬的时空变化

## 8.3.1  水  质

4 月，在胶州湾水域，Cr 来自海泊河的河流输送。这样，通过河流输送的 Cr，从表层穿过水体，来到底层。Cr 经过了垂直水体的效应作用[8]，呈现了 Cr 含量在胶州湾的湾口底层水域变化范围为 0.50～3.78μg/L，并且靠近河流入海口的底层水域，Cr 含量比较高，为 3.78μg/L。这远远小于国家一类海水水质标准（50.00μg/L）。这展示了在 Cr 含量方面，在胶州湾的湾口底层水域，水质清洁，没有受到 Cr 的任何污染。

8 月，在胶州湾水域，Cr 来自海泊河的河流输送。这样，通过河流输送的 Cr，从表层穿过水体，来到底层。Cr 经过了垂直水体的效应作用[8]，呈现了 Cr 含量在胶州湾的湾口底层水域变化范围为 0.14～1.42μg/L，并且靠近河流入海口的底层水域，Cr 含量比较高，为 1.42μg/L。这远远小于国家一类海水水质标准（50.00μg/L），不到标准的百分之一。这展示了在 Cr 含量方面，在胶州湾的湾口底层水域，水质清洁，没有受到 Cr 的污染。

## 8.3.2　沉降过程

Cr 经过了垂直水体的效应作用[8]，使 Cr 含量穿过水体后，发生了很大的变化。Cr 易与海水中的浮游动植物以及浮游颗粒结合，具有很强的吸附能力，这一特性对 Cr 元素在海水中的垂直迁移产生了极大的影响。在夏季，海洋生物大量繁殖，数量迅速增加[13]，且由于浮游生物的繁殖活动，悬浮颗粒物表面形成胶体，此时的吸附力最强，吸附了大量的 Cr 离子，并将其带入表层水体，由于重力和水流的作用，Cr 不断地沉降到海底[4~6]。这样，展示了 Cr 含量的沉降过程。

4 月，在胶州湾水域，Cr 来自海泊河的河流输送，其 Cr 含量为 32.32μg/L。这样，通过河流输送的 Cr，从表层穿过水体，来到底层。Cr 经过了垂直水体的效应作用[8]，呈现了靠近河流入海口的底层水域，Cr 含量比较高（3.78μg/L）。这展示了在重力和水流的作用下，Cr 不断地、迅速地沉降到海底。

8 月，在胶州湾水域，Cr 来自海泊河的河流输送，其 Cr 含量为 1.85μg/L。这样，通过河流输送的 Cr，从表层穿过水体，来到底层。Cr 含量经过了垂直水体的效应作用[8]，呈现了靠近河流入海口的底层水域，Cr 含量比较高（1.42μg/L）。这展示了在重力和水流的作用下，Cr 不断地、迅速地沉降到海底。

因此，在 4 月胶州湾的湾中心底层水域和在 8 月胶州湾的湾口底层水域，都展示了在时空变化过程中，河流输送的 Cr，都是从表层穿过水体，来到底层。这是在重力和水流的作用下，Cr 不断地、迅速地沉降到海底。这也证实了本研究判断的 Cr 含量的沉降过程。

# 8.4 结 论

4 月，在胶州湾的湾中心底层水域，Cr 含量的变化范围为 0.50～3.78μg/L，符合国家一类海水水质标准（50.00μg/L）。而且 Cr 含量小于 5.00μg/L。8 月，在胶州湾的湾口底层水域，Cr 含量的变化范围为 0.14～1.42μg/L，符合国家一类海水水质标准（50.00μg/L），而且 Cr 含量小于 5.00μg/L。这表明在不同的时间和不同的空间，在胶州湾的底层水域，都没有受到 Cr 的任何污染。因此，Cr 在垂直水体的效应作用下，在胶州湾的底层水域，水质清洁，没有受到任何 Cr 的污染。

4 月的胶州湾的湾中心底层水域和 8 月的胶州湾的湾口底层水域，都展示了在时空变化过程中，河流输送的 Cr，都是从表层穿过水体，来到底层。这是在重力和水流的作用下，Cr 不断地、迅速地沉降到海底。

## 参 考 文 献

[1] 杨东方, 高振会, 孙静亚, 等. 胶州湾水域重金属铬的分布及迁移. 海岸工程, 2008, 27(4): 48-53.

[2] Yang D F, Wang F Y, He H Z, et al. Study on the vertical distribution of Cr in Jiaozhou Bay. Applied Mechanics and Materials , 2014, 675-677: 329-331.

[3] Chen Y, Yu Q H, Li T J, et al. The source and input way of Chromium in Jiaozhou Bay. Applied Mechanics and Materials, 2014, 644-650: 5333-5335.

[4] Yang D F, Zhu S X, Wang F Y, et al. Study on the source of Cr in Jiaozhou Bay. 2014 IEEE workshop on advanced research and technology industry applications. Part D, 2014: 1018-1020.

[5] Yang D F, Chen Y, Gao Z H, et al. Silicon Limitation on primary production and its destiny in Jiaozhou Bay, China IV Transect offshore the coast with estuaries. Chin J Oceanol Limnol, 2005, 23(1): 72-90.

[6] 杨东方, 王凡, 高振会, 等.胶州湾浮游藻类生态现象. 海洋科学, 2004, 28(6): 71-74.

[7] 国家海洋局. 海洋监测规范( HY003.4-91). 北京: 海洋出版社, 1991: 205-282.

[8] Yang D F, Wang F Y, He H Z, et al. Vertical water body effect of benzene hexachloride. Proceedings of the 2015 international symposium on computers and informatics. 2015: 2655-2660.

# 第9章　来源及地形地貌决定铬含量的沉降区域

铬化合物浓度过高时都有毒性，其毒性对于人体健康危害巨大。铬（Cr）通过各种途径最终进入了海洋[1~6]。在海洋的水体中，悬浮颗粒物表面形成胶体，吸附了大量的铬离子，并将其带入表层水体，由于重力和水流的作用，铬在不断地沉降到海底[1~6]。因此，本文通过 1981 年胶州湾铬的调查资料，研究胶州湾的湾口表层、底层水域，确定表层、底层 Cr 含量的变化范围、水平分布趋势以及垂直变化，展示了胶州湾水域 Cr 含量的垂直变化、沉降过程和底层的 Cr 高含量区域，为 Cr 在表层、底层水域的垂直沉降的研究提供科学依据。

## 9.1　背　　景

### 9.1.1　胶州湾自然环境

胶州湾位于山东半岛南部，其地理位置为东经 120°04′～120°23′，北纬 35°58′～36°18′，以团岛与薛家岛连线为界，与黄海相通，面积约为 446km²，平均水深约 7m，是一个典型的半封闭型海湾。胶州湾入海的河流有十几条，其中径流量和含沙量较大的为大沽河和洋河，青岛市区的海泊河、李村河和娄山河等河流，这些河流均属季节性河流，河水水文特征有明显的季节性变化[7, 8]。

### 9.1.2　数据来源与方法

本研究所使用的 1981 年 8 月胶州湾水体 Cr 的调查资料由国家海洋局北海监测中心提供。在胶州湾底层水域，8 月，有 6 个站位取水样：A1、A2、A3、A5、A6、A8（图 9-1）。根据水深取水样（>10m 时取表层和底层，<10m 时只取表层），进行调查采样。按照国家标准方法进行胶州湾水体 Cr 的调查，该方法被收录在国家的《海洋监测规范》中（1991 年）[9]。

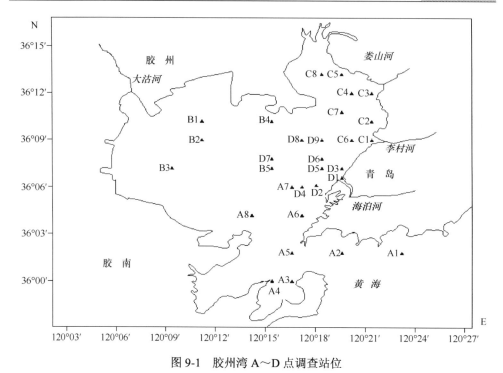

图 9-1　胶州湾 A～D 点调查站位

# 9.2　铬的垂直分布

## 9.2.1　表底层变化范围

　　8 月，在胶州湾的湾口底层水域，从湾口外侧到湾口，再到湾口内侧，站位为：A1、A2、A3、A5、A6、A8。其中 A1、A2 构成湾口外侧水域，A3、A5 构成湾口水域，A6、A8 构成湾口内侧水域，这 7 个站位构成了胶州湾的湾口水域，即从湾口外侧到湾口，再到湾口内侧。在胶州湾的湾口水域，表层 Cr 含量（0.18～0.48μg/L）较低时，其对应的底层含量就较低（0.14～1.42μg/L）。而且，Cr 的表层含量变化范围（0.18～0.48μg/L）小于底层的（0.14～1.42μg/L），变化量基本一样。因此，Cr 的表层含量低的，对应的底层含量就低。

## 9.2.2　表底层水平分布趋势

　　在胶州湾的湾口水域，从胶州湾的湾口内侧水域 A6 站位到湾口水域 A5 站位，再到湾口外侧水域 A2 站位。8 月，在胶州湾水域，Cr 来自海泊河的河流输送。

这样，通过河流输送的 Cr，从表层穿过水体，来到底层。

8 月，在表层，Cr 含量沿梯度上升，从 0.28μg/L 上升到 0.42μg/L，再上升到 0.48μg/L。在底层，Cr 含量沿梯度降低，从 1.42μg/L 降低到 0.33μg/L，再下降到 0.30μg/L。这表明表层、底层的水平分布趋势是相反的。

8 月，胶州湾湾口水域的水体中，表层 Cr 的水平分布与底层的水平分布趋势是相反的。

### 9.2.3　表底层垂直变化

8 月，在这些站位：A1、A2、A3、A5、A6、A8，Cr 的表层、底层含量相减，其差为–1.14～0.18μg/L。这表明 Cr 的表层、底层含量都相近。

8 月，Cr 的表层、底层含量差为–0.86～0.25μg/L。在湾口内东部水域的 A6 站位、在湾口南部水域的 A3 站位为负值，在湾口内西南部水域的 A8 站位、在湾口水域的 A5 站位为正值。在湾外水域的 A1、A2 站位也为正值。4 个站位为正值，2 个站位为负值（表 9-1）。

表 9-1　在胶州湾的湾口水域 Cr 的表层、底层含量差

| 月份 | A8 | A6 | A5 | A3 | A2 | A1 |
|---|---|---|---|---|---|---|
| 8 月 | 正值 | 负值 | 正值 | 负值 | 正值 | 正值 |

# 9.3　铬的沉降区域

## 9.3.1　沉　降　过　程

Cr 经过了垂直水体的效应作用[10]，使 Cr 穿过水体后，发生了很大的变化。Cr 易与海水中的浮游动植物以及浮游颗粒结合，具有很强的吸附能力，这一特性对 Cr 元素在海水中的垂直迁移产生了极大的影响。在夏季，海洋生物大量繁殖，数量迅速增加[8]，且由于浮游生物的繁殖活动，悬浮颗粒物表面形成胶体，此时的吸附力最强，吸附了大量的 Cr 离子，并将其带入表层水体，由于重力和水流的作用，Cr 不断地沉降到海底[3~6]。这样，展示了 Cr 的沉降过程。

## 9.3.2　变化的一致性

在变化尺度上，在胶州湾的湾口水域，8 月，胶州湾湾口水域的水体中，表层 Cr 的水平分布与底层的水平分布趋势是一致的。这表明由于 Cr 离子被吸附于

大量悬浮颗粒物表面，在重力和水流的作用下，Cr 不断地沉降到海底。于是，Cr 在表层、底层的变化量范围基本一样。而且，Cr 的表层含量低的，对应的底层含量就低。这展示了 Cr 迅速地、不断地沉降到海底，导致了 Cr 含量在表层、底层含量变化保持了一致性。

在空间尺度上，在胶州湾的湾口水域，8 月，Cr 来源于海泊河的河流输送。这样，通过河流输送的 Cr，从表层穿过水体，来到底层。8 月，从湾口内侧水域到湾口水域，再到湾口外侧水域这个过程中，在表层，Cr 含量沿梯度一直上升，而在底层，Cr 含量沿梯度一直下降。这揭示了 Cr 来源于海泊河的河流输送，由于重力和水流的作用，Cr 在不断地、迅速地沉降到海底，造成了在底层的湾口内侧水域 Cr 含量最高，而相应的表层的 Cr 含量最低。于是，Cr 含量在表层、底层沿梯度的变化趋势是相反的。

在垂直尺度上，在胶州湾的湾口水域，8 月，Cr 的表层、底层含量都相近，Cr 的表层、底层含量差为 $-0.86 \sim 0.25 \mu g/L$。这展示了 Cr 能够从表层很迅速地达到底层，在垂直水体的效应作用[8]下，Cr 含量几乎没有多少损失，因此，Cr 含量在表层、底层保持了相近，在表层、底层 Cr 含量具有一致性。

### 9.3.3 高沉降的区域

在区域尺度上，在胶州湾的湾口水域，Cr 的表层、底层含量相减，这个差值表明了 Cr 含量在表层、底层的变化。8 月，在胶州湾的湾口内侧水域，来源于海泊河的河流输送。那么，从表层穿过水体，来到底层的 Cr 是来自河流输送的。于是，通过 Cr 迅速地、不断地沉降到海底，呈现了在胶州湾的湾口内侧水域 A6 站位，底层的 Cr 含量最高，这是由于在站位 A1、A2、A3、A5、A6、A8 中，A6 站位与海泊河的入海口最近。那么在 A6 站位底层区域，Cr 的沉降最高。同时，也呈现了在胶州湾的湾口水域 A3 站位，底层的 Cr 含量比较高，这是由于站位 A3 湾口水域的凹处，刚好受到突出薛家岛的阻挡，这样就会造成 Cr 的大量沉降。那么在 A6 站位底层区域，Cr 的沉降比较高。因此，8 月，在站位 A1、A2、A5、A8 的水域，表层的 Cr 含量大于底层的；在站位 A3、A6 的水域，表层的 Cr 含量小于底层的。而且，站位 A3、A6 的水域是底层 Cr 的高沉降区域。

## 9.4 结　论

在胶州湾的湾口水域，8 月，在变化尺度上，Cr 含量在表层、底层的变化量范围基本一样，Cr 含量在表层、底层的变化保持了一致性；在空间尺度上，Cr

含量在表层、底层沿梯度的变化趋势是相反的；在垂直尺度上，Cr 含量在表层、底层保持了相近，在表层、底层 Cr 含量具有一致性。

在区域尺度上，8 月，除了站位 A3、A6 的水域，在湾口内水域、湾口水域和湾外水域，表层的 Cr 含量大于底层的；在湾口内站位 A6 水域和湾口站位 A3 水域，表层的 Cr 含量小于底层的。这表明除了站位 A3、A6 的水域，在湾口内水域、湾口水域和湾外水域，Cr 含量在水体中比较高，沉降到海底比较低。而在湾口内站位 A6 水域和湾口站位 A3 水域，Cr 有大量的沉降，故靠近海泊河的入海口的湾口内水域和湾口的凹处水域是底层 Cr 的高沉降区域。

因此，在胶州湾的湾口水域，Cr 含量的来源和特殊的地形地貌决定了 Cr 含量的高沉降区域，使人类能够有效地控制和改善 Cr 对水体底层环境的影响。

## 参 考 文 献

[1] 杨东方, 苗振清. 海湾生态学(上册). 北京: 海洋出版社, 2010: 1-320.

[2] 杨东方, 高振会. 海湾生态学(下册). 北京: 海洋出版社, 2010: 1-330.

[3] 杨东方, 高振会, 孙静亚, 等. 胶州湾水域重金属铬的分布及迁移. 海岸工程, 2008, 27(4): 48-53.

[4] Yang D F, Wang F Y, He H Z, et al. Study on the vertical distribution of Cr in Jiaozhou Bay. Applied Mechanics and Materials , 2014, 675-677: 329-331.

[5] Chen Y, Quan H Y, Li T J, et al. The source and input way of Chromium in Jiaozhou Bay. Applied Mechanics and Materials, 2014, 644-650: 5333-5335.

[6] Yang D F, Zhu S X, Wang F Y, et al. Study on the source of Cr in Jiaozhou Bay. 2014 IEEE workshop on advanced research and technology industry applications. Part D, 2014: 1018-1020.

[7] Yang D F, Chen Y, Gao Z H, et al. Silicon Limitation on primary production and its destiny in Jiaozhou Bay, China Ⅳ Transect offshore the coast with estuaries. Chin J Oceanol Limnol, 2005, 23(1): 72-90.

[8] 杨东方, 王凡, 高振会, 等.胶州湾浮游藻类生态现象. 海洋科学, 2004, 28(6): 71-74.

[9] 国家海洋局. 海洋监测规范( HY003.4-91). 北京: 海洋出版社, 1991: 205-282.

[10] Yang D F, Wang F Y, He H Z, et al. Vertical water body effect of benzene hexachloride. Proceedings of the 2015 international symposium on computers and informatics. 2015: 2655-2660.

# 第10章 胶州湾水域重金属铬的分布及来源

在冶金、化工、电镀、制革、制药及航空工业中，铬盐和金属铬得到广泛的应用。随着工业的迅速发展，产生大量的含铬废水[1]，被排放到陆地表面和河流。于是，借助于地表径流的输送、陆地河流的输送，重金属铬被输送到海洋。因此，探讨海洋水体中铬的分布特征[2]及影响因素对评价铬的污染水平以及环境质量有着重要的意义。

本文通过 1982 年胶州湾铬（Cr）的调查资料，探讨在胶州湾海域，Cr 的来源、分布以及迁移过程，研究胶州湾水域 Cr 的含量现状和分布特征，为 Cr 污染环境的治理和修复提供理论依据。

## 10.1 背　　景

### 10.1.1 胶州湾自然环境

胶州湾地理位置为东经 120°04′～120°23′，北纬 35°58′～36°18′，在山东半岛南部，面积约为 446km$^2$，平均水深约 7m，是一个典型的半封闭型海湾。胶州湾入海的河流有大沽河和洋河，其径流量和含沙量较大，河水水文特征有明显的季节性变化[3]。还有海泊河、李村河、娄山河等小河流入胶州湾。

### 10.1.2 数据来源与方法

本研究所使用的 1982 年 4 月、6 月、7 月和 10 月胶州湾水体 Cr 的调查资料由国家海洋局北海监测中心提供。4 月、7 月和 10 月，在胶州湾水域设 5 个站位取水样：083、084、121、122、123；6 月，在胶州湾水域设 4 个站位取水样：H37、H39、H40、H41（图 10-1）。分别于 1982 年 4 月、6 月、7 月和 10 月 4 次进行取样，根据水深取水样（>10m 时取表层和底层，<10m 时只取表层），进行调查采样。按照国家标准方法进行胶州湾水体 Cr 的调查，该方法被收录在国家的《海洋监测规范》中（1991 年）[4]。

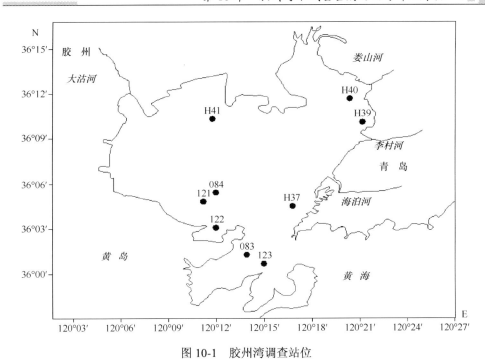

图 10-1  胶州湾调查站位

# 10.2  铬 的 分 布

## 10.2.1  含 量 大 小

4 月、7 月和 10 月，胶州湾西南沿岸水域 Cr 含量范围为 0.24～2.42μg/L。6 月，胶州湾东部和北部沿岸水域 Cr 含量范围为 0.33～9.76μg/L。4 月、6 月、7 月和 10 月，Cr 在胶州湾水体中的含量范围为 0.24～9.76μg/L，都没有超过国家一类海水水质标准。这表明在 4 月、6 月、7 月和 10 月胶州湾表层水质，在整个水域符合国家一类海水水质标准（50.00μg/L）（表 10-1）。由于 Cr 含量在胶州湾整个水域都远远小于 50.00μg/L，说明在 Cr 含量方面，在胶州湾整个水域，水质清洁，没有受到 Cr 的污染。

表 10-1  4 月、6 月、7 月和 10 月的胶州湾表层水质

| 项目 | 4 月 | 6 月 | 7 月 | 10 月 |
|---|---|---|---|---|
| 海水中 Cr 含量/（μg/L） | 0.81～2.11 | 0.33～9.76 | 1.02～2.42 | 0.24～1.35 |
| 国家海水标准 | 一类海水 | 一类海水 | 一类海水 | 一类海水 |

## 10.2.2　表层水平分布

4月、7月和10月，在胶州湾水域设5个站位：083、084、121、122、123，这些站位在胶州湾西南沿岸水域（图10-1）。4月，在西南沿岸水域121站位，Cr含量相对较高（2.11μg/L），以站位121为中心形成了Cr的高含量区，形成了一系列不同梯度的半个同心圆。Cr含量从中心的高含量（2.11μg/L）向湾中心水域沿梯度递减到0.81μgL（图10-2）。7月，在西南沿岸水域121站位，Cr含量相对较高，为2.42μg/L，以121站位为中心形成了Cr的高含量区，形成了一系列不同梯度的半个同心圆。Cr含量从中心的高含量（2.42μg/L）向湾中心水域沿梯度递减到1.02μg/L（图10-3）。10月，西南沿岸水域121站位，Cr含量相对较高，为1.35μg/L，以121站位为中心形成了Cr的高含量区，形成了一系列不同梯度的半个同心圆。Cr含量从中心的高含量（1.35μg/L）向湾中心水域或者向湾口水域沿梯度递减到0.24μg/L（图10-4）。

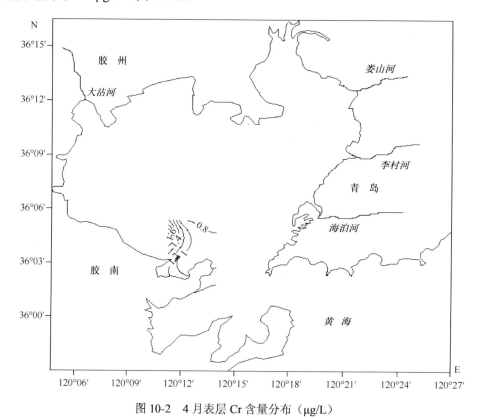

图10-2　4月表层Cr含量分布（μg/L）

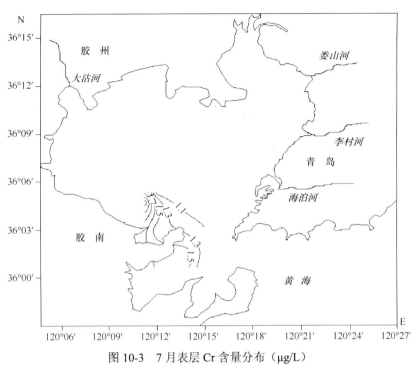

图 10-3　7 月表层 Cr 含量分布（μg/L）

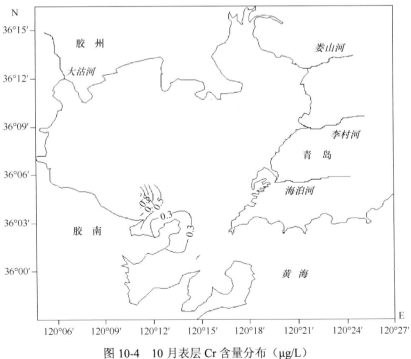

图 10-4　10 月表层 Cr 含量分布（μg/L）

6月，在胶州湾水域设 4 个站位：H37、H39、H40、H41，这些站位在胶州湾东部和北部沿岸水域（图 10-1）。在娄山河的入海口水域 H40 站位，Cr 的含量达到最高（9.76μg/L）。表层 Cr 含量的等值线（图 10-5），展示以娄山河的入海口水域为中心，形成了一系列不同梯度的半个同心圆。Cr 含量从中心的高含量（9.76μg/L）沿梯度下降，Cr 的含量值从湾底东北部的 9.76μg/L 降低到湾西南湾口的 0.33μg/L，这说明在胶州湾水体中沿着娄山河的河流方向，Cr 含量在不断地递减（图 10-5）。

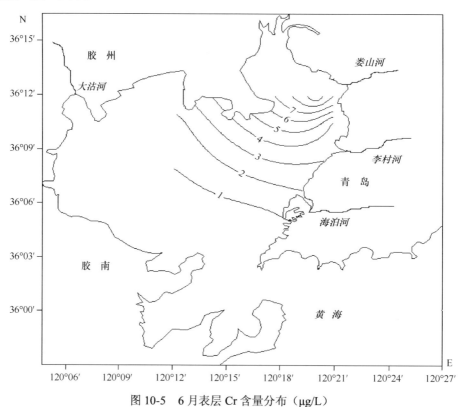

图 10-5　6月表层 Cr 含量分布（μg/L）

# 10.3　铬　的　来　源

## 10.3.1　水　　质

4月、7月和10月，胶州湾西南沿岸水域 Cr 含量范围为 0.24～2.42μg/L，都符合国家一类海水水质标准（50.00μg/L）。6月，胶州湾东部和北部沿岸水域 Cr 含量范围为 0.33～9.76μg/L，也符合国家一类海水水质标准。这表明在 Cr 含量方面,胶州湾西南沿岸水域比胶州湾东部和北部沿岸水域在 Cr 的污染程度方面相对要轻一些。

4 月、6 月、7 月和 10 月,Cr 在胶州湾水体中的含量范围为 $0.24\sim9.76\mu g/L$,都符合国家一类海水水质标准,而且低于一类海水水质标准 $50.00\mu g/L$。这表明 Cr 含量非常低,没有受到人为的 Cr 污染。因此,在整个胶州湾水域,Cr 含量符合国家一类海水水质标准,水质没有受到任何 Cr 的污染。

## 10.3.2　来　　源

4 月、7 月和 10 月,胶州湾西南沿岸水域,形成了 Cr 的高含量区,并且形成了一系列不同梯度的半个同心圆,沿梯度向周围水域递减,如向湾中心或者向湾口等水域。这表明了 Cr 的来源是来自地表径流的输送。

6 月,在娄山河的入海口水域,Cr 的含量达到最高,为 $9.76\mu g/L$。在胶州湾水体中,沿着娄山河的河流方向,Cr 含量在不断地递减,降低到湾口的 $0.33\mu g/L$。这表明在胶州湾水域,Cr 的来源是来自陆地河流的输送。

因此,胶州湾水域 Cr 的污染源是面污染源,主要来自地表径流的输送、陆地河流的输送。

# 10.4　结　　论

(1) 在整个胶州湾水域,一年中 Cr 含量都达到了国家一类海水水质标准 ($50.00\mu g/L$)。这表明没有受到人为的 Cr 污染。因此,在整个胶州湾水域,水质没有受到任何 Cr 的污染。

(2) 在胶州湾水域有两个来源:一个是近岸水域,来自地表径流的输入,其输入的 Cr 含量为 $0.24\sim2.42\mu g/L$;另一个是河流的入海口水域,来自陆地河流的输入,其输入的 Cr 含量为 $0.24\sim9.76\mu g/L$。

因此,胶州湾水域中的 Cr 主要来源于河流的输送,而没有受到人为的 Cr 污染。

## 参 考 文 献

[1] Mangabeira P A O. Accumulation chromium in root tissues of *Eichhornia crassipos*(Mart.)Solms, in Cachoeira river-Brazil. Applied Surface Science, 2004, 2: 497-511.

[2] 杨东方, 高振会, 孙静亚, 等. 胶州湾水域重金属铬的分布及迁移. 海岸工程, 2008, 27(4): 48-53.

[3] Yang D F, Chen Y, Gao Z H, et al. Silicon limitation on primary production and its destiny in Jiaozhou Bay, China Ⅳ Transect offshore the coast with estuaries. Chin J Oceanol Limnol, 2005, 23(1): 72-90.

[4] 国家海洋局. 海洋监测规范( HY003.4-91). 北京: 海洋出版社, 1991: 205-282.

# 第11章 胶州湾水域重金属铬的垂直变化过程

随着工业的迅速发展，产生大量的含铬废水[1~2]。铬是哺乳动物生命与健康所需的微量元素，所有铬化合物浓度过高时都有毒性，其毒性与化学价态和用量有关，二价铬一般被认为是无毒的，而铬主要以六价和三价两种价态存在，一般六价铬的毒性比三价铬强 100 倍，更易被人体吸收。因此，要进行研究铬对环境的影响。

本文通过 1982 年胶州湾铬（Cr）的调查资料，探讨在胶州湾海域，Cr 的垂直分布、季节变化以及迁移过程，研究胶州湾水域 Cr 的含量现状和分布特征，为 Cr 污染环境的治理和修复提供理论依据。

## 11.1 背　　景

### 11.1.1 胶州湾自然环境

胶州湾地理位置为东经 120°04′～120°23′，北纬 35°58′～36°18′，在山东半岛南部，面积约为 446km²，平均水深约 7m，是一个典型的半封闭型海湾。胶州湾入海的河流有大沽河和洋河，其径流量和含沙量较大，河水水文特征有明显的季节性变化[3]。还有海泊河、李村河、娄山河等小河流入胶州湾。

### 11.1.2 数据来源与方法

本研究所使用的 1982 年 4 月、6 月、7 月和 10 月胶州湾水体 Cr 的调查资料由国家海洋局北海监测中心提供。4 月、7 月和 10 月，在胶州湾水域设 5 个站位取水样：083、084、121、122、123；6 月，在胶州湾水域设 4 个站位取水样：H37、H39、H40、H41（图 11-1）。分别于 1982 年 4 月、6 月、7 月和 10 月 4 次进行取样，根据水深取水样（>10m 时取表层和底层，<10m 时只取表层），进行调查采样。按照国家标准方法进行胶州湾水体 Cr 的调查，该方法被收录在国家的《海洋监测规范》中（1991 年）[4]。

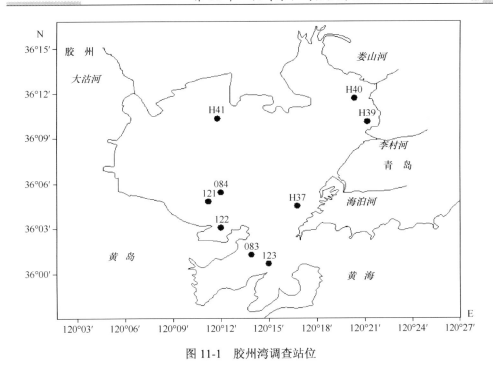

图 11-1  胶州湾调查站位

# 11.2  铬 的 分 布

## 11.2.1  底层水平分布

4 月、7 月和 10 月，胶州湾西南沿岸底层水域 Cr 含量范围为 0.27~2.11μg/L。在胶州湾的西南沿岸水域，从西南的近岸到东北的湾中心。Cr 含量形成了一系列梯度，沿梯度在增加（图 11-2~图 11-4）。4 月，从西南的近岸到东北的湾中心，沿梯度从 0.81μg/L 增加到 0.95μg/L（图 11-2）。7 月，从西南的近岸到东北的湾中心，沿梯度从 1.20μg/L 增加到 2.11μg/L（图 11-3）。10 月，从西南的近岸到东北的湾中心，沿梯度从 0.27μg/L 增加到 0.51μg/L（图 11-4）。

## 11.2.2  季 节 分 布

### 11.2.2.1  季节表层分布

胶州湾西南沿岸水域的表层水体中，4 月，水体中 Cr 的表层含量范围为 0.81~2.11μg/L；7 月，为 1.02~2.42μg/L；10 月，为 0.24~1.35μg/L。这表明 4 月、

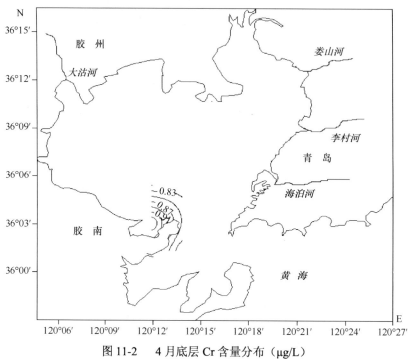

图 11-2　4 月底层 Cr 含量分布（μg/L）

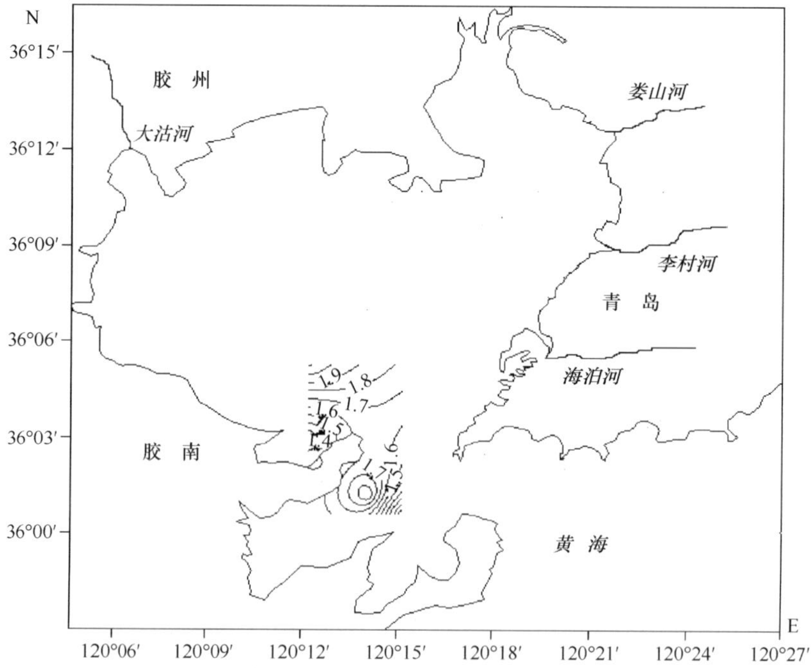

图 11-3　7 月底层 Cr 含量分布（μg/L）

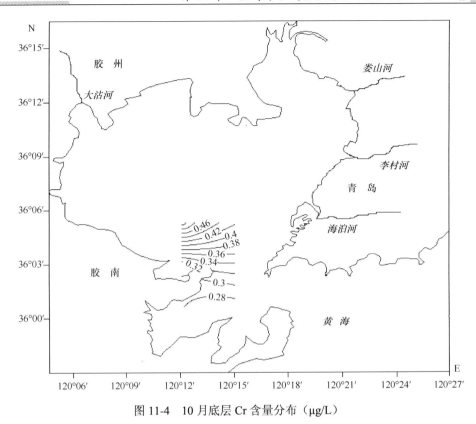

图 11-4　10 月底层 Cr 含量分布（μg/L）

7 月和 10 月，水体中 Cr 的表层含量范围变化不大（0.24～2.42μg/L），Cr 的表层含量由高到低依次为 7 月、4 月、10 月。故得到水体中 Cr 的表层含量由高到低的季节变化为夏季、春季、秋季。

### 11.2.2.2　季节底层分布

胶州湾西南沿岸水域的底层水体中，4 月，水体中 Cr 的底层含量范围为 0.81～0.95μg/L；7 月，为 1.20～2.11μg/L；10 月，为 0.27～0.51μg/L。这表明 4 月、7 月和 10 月，水体中 Cr 的底层含量范围变化也不大（0.27～2.11μg/L），Cr 的底层含量由高到低依次为 7 月、4 月、10 月。因此，得到水体中 Cr 的底层含量由高到低的季节变化为夏季、春季、秋季。

## 11.2.3　垂　直　分　布

### 11.2.3.1　含量变化

在春季，Cr 的表层含量较高，为 0.81～2.11μg/L，其对应的底层含量较高，为 0.81~0.95μg/L。在夏季 Cr 的表层含量最高（1.02~2.42μg/L）时，其对应的底层含量最高（1.20~2.11μg/L）。在秋季 Cr 的表层含量较低（0.24~1.35μg/L）时，其对应的底层含量较低（0.27~0.51μg/L）。因此，在春季、夏季、秋季，Cr 的表层、底层含量都相近，而且，Cr 的表层含量高的，对应的底层含量就高；同样，Cr 的表层含量低的，对应的底层含量就低。

### 11.2.3.2  分布趋势

在胶州湾的西南沿岸水域，从西南的近岸 122 站位到东北的湾中心 084 站位。

4 月，在表层，Cr 含量沿梯度降低，从 0.83μg/L 降低到 0.81μg/L。在底层，Cr 含量沿梯度从 0.95μg/L 降低到 0.81μg/L。这表明表层、底层的水平分布趋势是一致的。

7 月，在表层，Cr 含量沿梯度降低，从 1.37μg/L 降低到 1.02μg/L。在底层，Cr 含量沿梯度升高，从 1.20μg/L 升高到 2.11μg/L。这表明表层、底层的水平分布趋势也是相反的。

10 月，在表层，Cr 含量沿梯度从 0.24μg/L 升高到 0.51μg/L。在底层，Cr 含量沿梯度从 0.31μg/L 升高到 0.51μg/L。这表明表层、底层的水平分布趋势也是一致的。

总之，4 月和 10 月，胶州湾西南沿岸水域的水体中，表层 Cr 的水平分布与底层分布趋势是一致的。7 月，胶州湾西南沿岸水域的水体中，表层 Cr 的水平分布与底层分布趋势是相反的。

# 11.3  铬的垂直变化过程

## 11.3.1  季节变化过程

在胶州湾西南沿岸水域的表层水体中，4 月，Cr 含量变化从高值 2.11μg/L 开始，然后开始上升，逐渐增加，到 7 月达到高峰值 2.42μg/L，然后开始下降，逐渐减少，到了 11 月，下降的非常快，则降低到低谷值 1.35μg/L。于是，Cr 的表层含量由低到高，再到低的季节变化为春季、夏季、秋季。因此，Cr 含量从春季开始，上升到夏季的高峰值，然后下降到秋季。4 月、7 月和 10 月，Cr 来源是来自地表径流的输送。这表明在胶州湾西南沿岸水域的表层水体中，Cr 含量的变化主要由雨量的变化来确定。因此，Cr 含量的季节变化中，在夏季相对比较高。但由于是地表径流的输送，故 Cr 含量较低，水质没有受到任何 Cr 的污染。

## 11.3.2　迁移过程

三价铬是海水中的主要存在形式之一，且三价铬具有很强的形成配位化合物的能力，易与海水中的浮游动植物以及浮游颗粒结合，具有很强的吸附能力[5]，这一特性对铬元素在海水中的垂直迁移产生了极大的影响。在夏季，海洋生物大量繁殖，数量迅速增加[6]，且由于浮游生物的繁殖活动，悬浮颗粒物表面形成胶体，此时的吸附力最强，吸附了大量的铬离子，并将其带入表层水体，由于重力和水流的作用，铬不断地沉降到海底。

在空间尺度上，6 月的表层水体中铬水平分布证实了这样的迁移过程：东北部表层水体中铬的含量很高（9.76μg/L），铬的含量大小由东北向西南方向递减，降低到湾西南湾口的 0.33μg/L。这表明由于铬离子被吸附于大量悬浮颗粒物表面，在重力和水流的作用下，铬不断地沉降到海底。于是，在表层水体中铬含量随着远离来源在不断地下降。

在时间尺度上，4 月、7 月和 10 月，铬含量随着时间的变化也证实了这样的迁移过程：由于春季雨季的到来导致陆地铬污染源随地表径流带入大海，4 月的铬含量比较高。随着降雨量的增加，在夏季，7 月的铬含量达到一年中的高峰值。到雨季的结束，在秋季，10 月的铬含量达到一年中的低谷值。这表明由于铬离子被吸附于大量悬浮颗粒物表面，在重力和水流的作用下，铬不断地沉降到海底。于是，在表层水体中铬含量随着来源含量的减少在不断地下降。

# 11.4　结　　论

（1）在胶州湾西南沿岸水域的表层水体中，Cr 含量从春季开始，上升到夏季的高峰值，然后下降到秋季。4 月、7 月和 10 月，Cr 含量的变化主要由雨量的变化来确定。因此，Cr 含量的季节变化中，在夏季相对比较高。但由于是地表径流的输送，故 Cr 含量较低，水质没有受到任何 Cr 的污染。

（2）在空间尺度上，6 月的表层水体中铬水平分布，在时间尺度上，4 月、7 月和 10 月，铬含量随着时间的变化，都证实了这样的迁移过程：由于铬离子被吸附于大量悬浮颗粒物表面，在重力和水流的作用下，铬不断地沉降到海底。于是，在表层水体中随着远离来源铬含量在不断地下降，同样，在表层水体中铬含量随着来源含量的减少在不断地下降。

胶州湾水域 Cr 的垂直分布和季节变化证实了水体 Cr 的迁移过程。因此，了解胶州湾水域 Cr 的输送过程和迁移过程，有效地控制和改善当地的环境状况。

# 参 考 文 献

[1] Mangabeira P A O . Accumulation chromium in root tissues of *Eichhornia crassipos*(Mart.)Solms, in Cachoeira river-Brazil. Applied Surface Science, 2004, 2: 497-511.

[2] 杨东方, 高振会, 孙静亚, 等. 胶州湾水域重金属铬的分布及迁移. 海岸工程, 2008, 27(4): 48-53.

[3] Yang D F, Chen Y, Gao Z H, et al. SiLicon limitation on primary production and its destiny in Jiaozhou Bay, China Ⅳ Transect offshore the coast with estuaries. Chin J Oceanol Limnol, 2005, 23(1): 72-90.

[4] 国家海洋局. 海洋监测规范( HY003.4-91). 北京: 海洋出版社, 1991: 205-282.

[5] 王振来, 钟艳玲. 微量元素铬的研究进展. 中国饲料, 2001, 4: 16-17.

[6] 杨东方, 王凡, 高振会, 等.胶州湾浮游藻类生态现象. 海洋科学, 2004, 28(6): 71-74.

# 第12章　胶州湾水域铬的稳定且持续的唯一来源

随着各种工业的迅速发展，如冶金、化工、电镀等工业，就会产生大量的含铬废水，被排放到陆地表面和河流，最后重金属铬被陆地表面和河流输送到海洋，引起了海洋水质的变化[1~4]。这样，重金属在水体中的长期存在，对生物有机体造成了严重损害。因此，本文通过 1983 年胶州湾铬的调查资料，探讨在胶州湾海域，铬的来源、分布以及迁移过程，研究胶州湾水域铬的含量现状和分布特征，为铬污染环境的防止和治理提供科学依据。

## 12.1　背　　景

### 12.1.1　胶州湾自然环境

胶州湾地理位置为东经 120°04′～120°23′，北纬 35°58′～36°18′，在山东半岛南部，面积约为 446km²，平均水深约 7m，是一个典型的半封闭型海湾。胶州湾入海的河流有大沽河和洋河，其径流量和含沙量较大，河水水文特征有明显的季节性变化[5]。还有海泊河、李村河、娄山河等小河流入胶州湾。

### 12.1.2　数据来源与方法

本研究所使用的 1983 年 5 月、9 月和 10 月胶州湾水体 Cr 的调查资料由国家海洋局北海监测中心提供。5 月、9 月和 10 月，在胶州湾水域设 9 个站位取水样：H34、H35、H36、H37、H38、H39、H40、H41、H82（图 12-1）。分别于 1983 年 5 月、9 月和 10 月 3 次进行取样，根据水深取水样（＞10m 时取表层和底层，＜10m 时只取表层），进行调查采样。按照国家标准方法进行胶州湾水体 Cr 的调查，该方法被收录在国家的《海洋监测规范》中（1991 年）[6]。

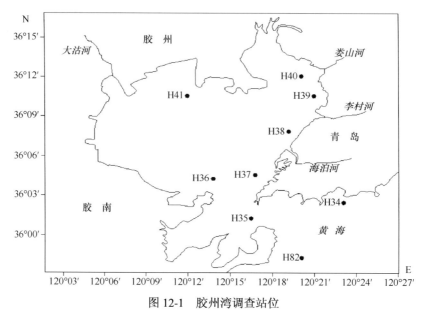

图 12-1　胶州湾调查站位

# 12.2　铬的水平分布

## 12.2.1　含量大小

5 月、9 月和 10 月，胶州湾北部沿岸水域 Cr 含量比较高，南部湾口水域 Cr 含量比较低。5 月、9 月和 10 月，Cr 在胶州湾水体中的含量范围为 0.13～4.17μg/L，都没有超过国家一类海水水质标准。这表明 5 月、9 月和 10 月胶州湾表层水质，在整个水域符合国家一类海水水质标准（50.00μg/L）（表 12-1）。由于 Cr 含量在胶州湾整个水域都远远小于 50.00μg/L，说明在 Cr 含量方面，在胶州湾整个水域，水质清洁，没有受到 Cr 的污染。

表 12-1　5 月、9 月和 10 月的胶州湾表层水质

| 项目 | 5 月 | 9 月 | 10 月 |
| --- | --- | --- | --- |
| 海水中 Cr 含量/（μg/L） | 0.13～3.96 | 0.70～3.78 | 0.44～4.17 |
| 国家海水标准 | 一类海水 | 一类海水 | 一类海水 |

## 12.2.2　表层水平分布

5 月，在胶州湾东北部，在娄山河入海口的近岸水域 H40 站位，Cr 的含量较高，为 3.96μg/L。在胶州湾东部的接近湾口近岸水域的 H37 站位，Cr 的含量为 0.24μg/L，而在湾口水域 H35 站位，Cr 的含量为 0.24μg/L。这样，以东北部近岸

水域 H40 站位为中心形成了 Cr 的高含量区，形成了一系列不同梯度的半个同心圆。Cr 含量从中心的高含量（3.96μg/L）沿梯度递减到接近湾口水域的 0.24μg/L，最后到湾口水域的 0.13μg/L（图 12-2）。在湾口外的水域 H34、H82，Cr 含量与湾内相比都非常的低，其变化范围为 0.29～0.65μg/L。

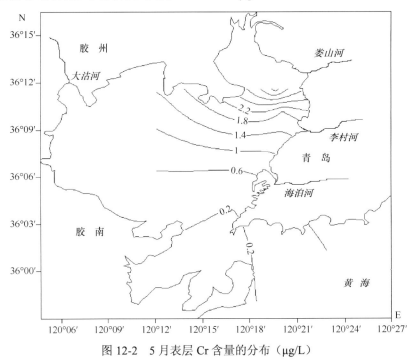

图 12-2　5 月表层 Cr 含量的分布（μg/L）

9 月，在胶州湾东北部，在娄山河和李村河的入海口之间的近岸水域 H39 站位，Cr 的含量达到较高，为 3.78μg/L。在胶州湾东部的接近湾口近岸水域 H37 站位，Cr 的含量为 1.17μg/L，而在湾口水域 H35 站位，Cr 的含量为 0.70μg/L。这样，以东北部近岸水域为中心形成了 Cr 的高含量区，形成了一系列不同梯度的半个同心圆。Cr 含量从中心的高含量 3.78μg/L 沿梯度递减到接近湾口水域的 1.17μg/L，最后到湾口水域的 0.70μg/L（图 12-3）。在湾口外的水域 H34、H82，Cr 含量与湾内相比都非常低，其变化范围为 0.9～0.96μg/L。

10 月，在胶州湾东北部，在娄山河和李村河的入海口之间的近岸水域 H39 站位，Cr 的含量达到较高，为 4.17μg/L。在湾口水域 H35 站位，Cr 的含量为 1.44μg/L。这样，以东北部近岸水域为中心形成了 Cr 的高含量区，形成了一系列不同梯度的半个同心圆。Cr 含量从中心的高含量 4.17μg/L 沿梯度递减到湾口水域的 1.44μg/L（图 12-4）。在湾口外的水域 H34、H82，Cr 含量与湾内相比都非常的低，其变化范围为 0.44～0.60μg/L。

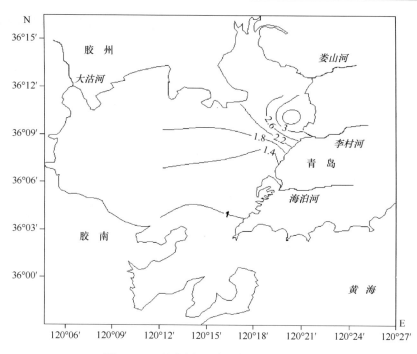

图 12-3 9 月表层 Cr 含量的分布（μg/L）

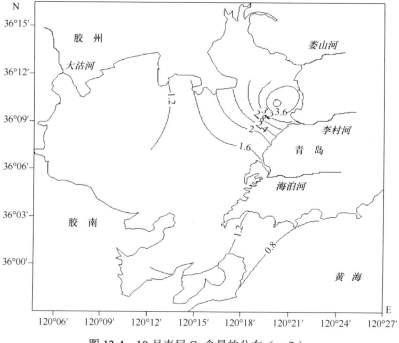

图 12-4 10 月表层 Cr 含量的分布（μg/L）

# 12.3　铬的唯一来源

## 12.3.1　水　　质

5 月，Cr 在胶州湾水体中的含量范围为 0.13～3.96μg/L，在胶州湾东北部的近岸水域，Cr 含量相对比较高，该水域受到 Cr 的轻微影响。9 月，Cr 在胶州湾水体中的含量范围为 0.70～3.78μg/L，在胶州湾东北部的近岸水域，Cr 含量相对比较高，该水域受到 Cr 的轻微影响。10 月，Cr 在胶州湾水体中的含量范围为 0.44～4.17μg/L，在胶州湾东北部的近岸水域，Cr 含量相对比较高，该水域受到 Cr 的轻微影响。因此，5 月、9 月和 10 月，胶州湾东北部的近岸水域，Cr 含量相对比较高，而在胶州湾的其他水域，Cr 含量都比较低。

5 月、9 月和 10 月，Cr 在胶州湾水体中的含量范围为 0.13～4.17μg/L，都符合国家一类海水水质标准，而且远远低于一类海水水质标准（50.00μg/L）。这表明 Cr 含量非常低，没有受到人为的 Cr 污染。因此，在整个胶州湾水域，Cr 含量符合国家一类海水水质标准，水质没有受到任何 Cr 的污染。

## 12.3.2　来　　源

5 月，在胶州湾东北部，在娄山河的入海口近岸水域，形成了 Cr 的高含量区（3.96μg/L），这表明了 Cr 的来源是来自娄山河的河流输送。

9 月，在胶州湾东北部，在娄山河和李村河的入海口之间的近岸水域，形成了 Cr 的高含量区（3.78μg/L），这表明了 Cr 的来源是来自娄山河和李村河的河流输送。

10 月，在胶州湾东北部，在娄山河和李村河的入海口之间的近岸水域，形成了 Cr 的高含量区（4.17μg/L），这表明了 Cr 的来源是来自娄山河和李村河的河流输送。

这样，在不同的月份和不同的河流情况下，河流向胶州湾水域输送的 Cr 高含量是相近的，其范围为 3.78～4.17μg/L。这表明在一年中，河流向胶州湾水域输送的 Cr 含量是持续和稳定的。

因此，5 月、9 月和 10 月，胶州湾水域 Cr 的来源主要来自河流的输送，这是唯一的来源。而且，在一年中，河流向胶州湾水域输送的 Cr 含量是持续和稳定的。

# 12.4 结 论

（1）在整个胶州湾水域，5 月、9 月和 10 月，Cr 在胶州湾水体中的含量范围为 0.13～4.17μg/L，都符合国家一类海水水质标准（50.00μg/L）。这表明没有受到人为的 Cr 污染。因此，在 Cr 含量方面，5 月、9 月和 10 月，在胶州湾整个水域，水质没有受到任何 Cr 的污染。

（2）在胶州湾水域的一年中，Cr 的高含量区出现在胶州湾东北部水域，即娄山河的入海口近岸水域、娄山河和李村河的入海口之间的近岸水域。这些水域的 Cr 的高含量主要来自娄山河和李村河的河流输送，其输入的 Cr 的高含量为 3.78～4.17μg/L。这样，胶州湾水域的 Cr 高含量只有唯一的河流输送。

因此，胶州湾水域中的 Cr 主要来源于河流的输送，其输送的 Cr 含量是持续和稳定的。但是胶州湾水域没有达到人为的 Cr 污染程度。

## 参 考 文 献

[1] 杨东方, 高振会, 孙静亚, 等. 胶州湾水域重金属铬的分布及迁移. 海岸工程, 2008, 27(4): 48-53.

[2] Yang D F, Wang F Y, He H Z, et al. Study on the vertical distribution of Cr in Jiaozhou Bay. Applied Mechanics and Materials , 2014, 675-677: 329-331.

[3] Chen Y, Yu Q H, Li T J, et al. The source and input way of Chromium in Jiaozhou Bay. Applied Mechanics and Materials, 2014, 644-650: 5329-5332.

[4] Yang D F, Zhu S X, Wang F Y, et al. Study on the source of Cr in Jiaozhou Bay. 2014 IEEE workshop on advanced research and technology industry applications. Part D, 2014: 1018-1020.

[5] Yang D F, Chen Y, Gao Z H, et al. Silicon limitation on primary production and its destiny in Jiaozhou Bay, China IV Transect offshore the coast with estuaries. Chin J Oceanol Limnol, 2005, 23(1): 72-90.

[6] 国家海洋局. 海洋监测规范( HY003.4-91). 北京: 海洋出版社, 1991: 205-282.

# 第13章　胶州湾水域铬的底层分布及聚集过程

随着冶金、化工、电镀等各种工业的迅速发展，就会产生大量的含铬废水，在陆地表面和河流输送下，引起了海洋水质的变化[1~4]。这样，由于重金属铬和铬化合物都有毒性，能够通过食物链的传递，危害人体健康。因此，本文通过1983年胶州湾铬（Cr）的调查资料，研究胶州湾的湾口底层水域，确定Cr的含量、分布以及迁移过程，展示了胶州湾水域Cr的含量现状和分布特征，为Cr在底层水域的迁移和存在的研究提供科学依据。

## 13.1　背　　景

### 13.1.1　胶州湾自然环境

胶州湾位于山东半岛南部，其地理位置为东经120°04′~120°23′，北纬35°58′~36°18′，以团岛与薛家岛连线为界，与黄海相通，面积约为446km²，平均水深约7m，是一个典型的半封闭型海湾。胶州湾入海的河流有十几条，其中径流量和含沙量较大的为大沽河和洋河，青岛市区的海泊河、李村河和娄山河等河流，这些河流均属季节性河流，河水水文特征有明显的季节性变化[5, 6]。

### 13.1.2　数据来源与方法

本研究所使用的1983年5月、9月和10月胶州湾水体Cr的调查资料由国家海洋局北海监测中心提供。5月、9月和10月，在胶州湾水域设5个站位取表层、底层水样：H34、H35、H36、H37、H82（图13-1）。分别于1983年5月、9月和10月三次进行取样，根据水深取水样（>10m时取表层和底层，<10m时只取表层），进行调查采集。按照国家标准方法进行胶州湾水体Cr的调查，该方法被收录在国家的《海洋监测规范》中（1991年）[7]。

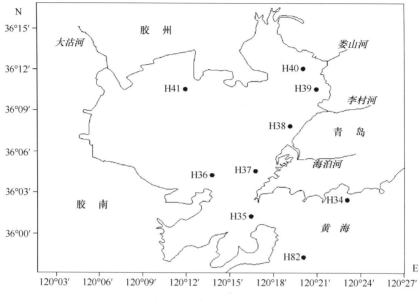

图 13-1　胶州湾调查站位

## 13.2　铬的底层分布

### 13.2.1　底层含量大小

5 月、9 月和 10 月，在胶州湾的湾口底层水域，Cr 含量的变化范围为 0.06～1.58μg/L，都没有超过国家一类海水水质标准。这表明 5 月、9 月和 10 月胶州湾的底层水质，在整个水域符合国家一类海水水质标准（50.00μg/L）（表 13-1）。

表 13-1　5 月、9 月和 10 月的胶州湾底层水质

| 项目 | 5 月 | 9 月 | 10 月 |
| --- | --- | --- | --- |
| 海水中 Cr 含量/（μg/L） | 0.06～1.08 | 0.46～1.17 | 0.63～1.58 |
| 国家海水标准 | 一类海水 | 一类海水 | 一类海水 |

### 13.2.2　底层水平分布

5 月，在胶州湾的湾口水域，水体中底层 Cr 的水平分布状况是其含量大小由东部的湾内向南部的湾外方向递减。在胶州湾东部的底层近岸水域 H37 站位，Cr 的含量达到较高（1.08μg/L），以东部近岸水域为中心形成了 Cr 的高含量区，形成了一系列不同梯度的平行线。Cr 含量从中心的高含量 1.08μg/L 沿梯度递减到湾口水域的 0.11μg/L（图 13-2）。在胶州湾的湾口水域 H35 站位，

Cr 含量相对较高（0.99μg/L），以站位 H35 为中心形成了 Cr 的较高含量区，形成了一系列不同梯度的半个同心圆。Cr 含量从中心的较高含量（0.99μg/L）向湾内的西部水域沿梯度递减到 0.06μg/L，同时，向湾外的东部水域沿梯度递减到 0.11μg/L（图 13-2）。

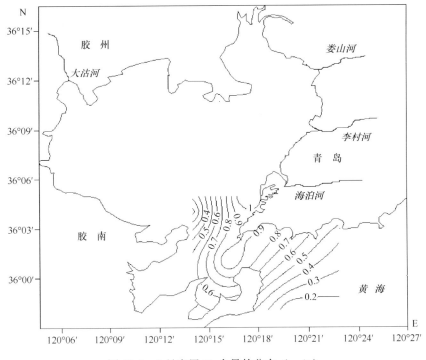

图 13-2　5 月底层 Cr 含量的分布（μg/L）

9 月，在胶州湾湾外的东部近岸水域 H34 站位，Cr 的含量达到较高（1.17μg/L），以东部近岸水域为中心形成了 Cr 的高含量区，形成了一系列不同梯度的平行线。Cr 含量从中心的高含量（1.17μg/L）沿梯度向南部水域递减到 0.46μg/L（图 13-3）。在胶州湾的湾口水域 H35 站位，Cr 含量相对较高（1.12μg/L），以站位 H35 为中心形成了 Cr 的较高含量区，形成了一系列不同梯度的半个同心圆。Cr 含量从中心的较高含量（1.12μg/L）向湾内的西部水域沿梯度递减到 0.90μg/L，同时，向湾外的东部水域沿梯度递减到 0.46μg/L（图 13-3）。

10 月，在胶州湾的湾口水域 H35 站位，Cr 含量相对较高（1.58μg/L），以站位 H35 为中心形成了 Cr 的高含量区，形成了一系列不同梯度的半个同心圆。Cr 含量从中心的高含量（1.58μg/L）向湾内的北部水域沿梯度递减到 0.69μg/L，同时，向湾外的东部水域沿梯度递减到 0.63μg/L（图 13-4）。

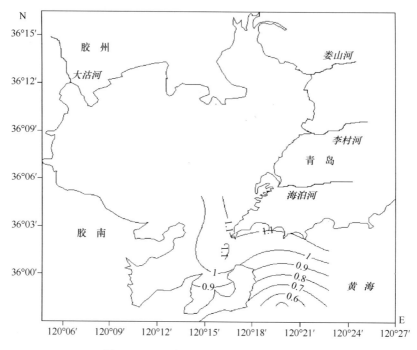

图 13-3　9 月底层 Cr 含量的分布（μg/L）

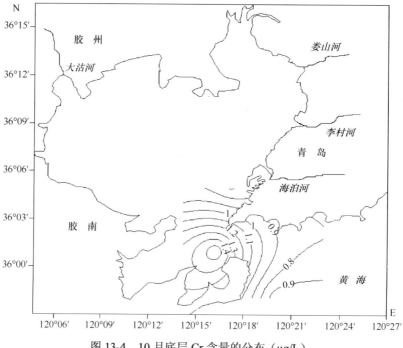

图 13-4　10 月底层 Cr 含量的分布（μg/L）

# 13.3　铬的聚集过程

## 13.3.1　水　　质

在胶州湾水域，Cr 含量是来自河流的输送。然后，Cr 从表层穿过水体，来到底层。Cr 经过了垂直水体的效应作用[8]，呈现了 Cr 含量在胶州湾的湾口底层水域变化范围为 0.06～1.58μg/L，这远远小于国家一类海水水质标准（50.00μg/L），相当于五十分之一。这展示了在 Cr 含量方面，在胶州湾的湾口底层水域，水质清洁，没有受到 Cr 的污染。

## 13.3.2　聚 集 过 程

胶州湾是一个半封闭的海湾，东西宽 27.8km，南北长 33.3km。胶州湾具有内、外两个狭窄湾口，形成了胶州湾的湾口水域。内湾口位于团岛与黄岛之间；外湾口是连接黄海的通道，位于团岛与薛家岛之间，宽度仅 3.1km。于是，胶州湾的湾口水域具有一条很深的水道，深度达到了 40m 左右。在湾口水道上潮流最强，仅 $M_2$ 分潮流的振幅即达 1m/s，大潮期间观测到的瞬时流速甚至达到 2.01m/s[9]。在胶州湾的湾口水域 H35 站位，在水体底层中出现 Cr 的较高含量区：5 月，在水体底层中以站位 H35 为中心形成了 Cr 的较高含量区 0.99μg/L。9 月，在水体底层中以站位 H35 为中心形成了 Cr 的较高含量区（1.12μg/L）。10 月，在水体底层中以站位 H35 为中心形成了 Cr 的高含量区（1.58μg/L）。

因此，在胶州湾的湾口底层水域，5 月、9 月和 10 月，都出现了 Cr 的较高含量区。然而在这里的水域，水流的速度很快，Cr 的较高含量区的出现表明了水体运动具有将 Cr 含量聚集的过程。

# 13.4　结　　论

5 月、9 月和 10 月，在胶州湾的湾口底层水域，Cr 含量的变化范围为 0.06～1.58μg/L，都符合国家一类海水的水质标准（50.00μg/L）。这表明没有受到人为的 Cr 污染。因此，Cr 经过了垂直水体的效应作用，在 Cr 含量方面，在胶州湾的湾口底层水域，水质清洁，没有受到任何 Cr 的污染。

在胶州湾的湾口水域，5 月、9 月和 10 月，在水体中的底层都出现了 Cr 的较高含量区（0.99～1.58μg/L）。并且形成了一系列不同梯度的半个同心圆，Cr 含量从中心的较高含量向湾内的西部水域沿梯度递减，同时，向湾外的东部水域沿梯度递减。在这里的水域，水流的速度很快，Cr 的较高含量区的出现表明了水体运动具有将 Cr 含量聚集的过程。

## 参 考 文 献

[1] 杨东方, 高振会, 孙静亚, 等. 胶州湾水域重金属铬的分布及迁移. 海岸工程, 2008, 27(4): 48-53.

[2] Yang D F, Wang F Y, He H Z, et al. Study on the vertical distribution of Cr in Jiaozhou Bay. Applied Mechanics and Materials , 2014, 675-677: 329-331.

[3] Chen Y, Yu Q H, Li T J, et al. The source and input way of Chromium in Jiaozhou Bay. Applied Mechanics and Materials, 2014, 644-650: 5329-5332.

[4] Yang D F, Zhu S X, Wang F Y, et al. Study on the source of Cr in Jiaozhou Bay. 2014 IEEE workshop on advanced research and technology industry applications. Part D, 2014: 1018-1020.

[5] Yang D F, Chen Y, Gao Z H, et al. Silicon limitation on primary production and its destiny in Jiaozhou Bay, China Ⅳ Transect offshore the coast with estuaries. Chin J Oceanol Limnol, 2005, 23(1): 72-90.

[6] 杨东方, 王凡, 高振会, 等. 胶州湾浮游藻类生态现象. 海洋科学, 2004, 28(6): 71-74.

[7] 国家海洋局. 海洋监测规范( HY003.4-91). 北京: 海洋出版社, 1991: 205-282.

[8] Yang D F, Wang F Y, He H Z, et al. Vertical water body effect of benzene hexachloride. Proceedings of the 2015 international symposium on computers and informatics. 2015: 2655-2660.

[9] 吕新刚, 赵昌, 夏长水. 胶州湾潮汐潮流动边界数值模拟. 海洋学报, 2010, 32(2): 20-30.

# 第14章 胶州湾水域铬的垂直分布及沉降过程

重金属铬通过各种途径进入陆地的水体后，在陆地表面和河流输送下，最终进入了海洋[1~4]。在海洋的水体中，悬浮颗粒物表面形成胶体，吸附了大量的铬离子，并将其带入表层水体，由于重力和水流的作用，铬在不断地沉降到海底[2]。那么，海洋表层、底层铬的垂直分布和变化正引起人们的关注。因此，本文通过1983年胶州湾铬（Cr）的调查资料，研究胶州湾的湾口表层、底层水域，确定表层、底层 Cr 含量的季节分布、水平分布趋势、变化范围以及垂直变化，展示了胶州湾水域 Cr 含量的季节变化过程、沉降过程和底层的 Cr 高含量区域，为 Cr 在表层、底层水域的垂直沉降的研究提供科学依据。

## 14.1 背　　景

### 14.1.1 胶州湾自然环境

胶州湾位于山东半岛南部，其地理位置为东经 120°04′～120°23′，北纬 35°58′～36°18′，以团岛与薛家岛连线为界，与黄海相通，面积约为 446km$^2$，平均水深约 7m，是一个典型的半封闭型海湾。胶州湾入海的河流有十几条，其中径流量和含沙量较大的为大沽河和洋河，青岛市区的海泊河、李村河和娄山河等河流，这些河流均属季节性河流，河水水文特征有明显的季节性变化[5, 6]。

### 14.1.2 数据来源与方法

本研究所使用的 1983 年 5 月、9 月和 10 月胶州湾水体 Pb 的调查资料由国家海洋局北海监测中心提供。5 月、9 月和 10 月，在胶州湾水域设 5 个站位取表层、底层水样：H34、H35、H36、H37、H82（图 14-1）。分别于 1983 年 5 月、9 月和 10 月 3 次进行取样，根据水深取水样（>10m 时取表层和底层，<10m 时只取表层），进行调查采样。按照国家标准方法进行胶州湾水体 Pb 的调查，该方法被收录在国家的《海洋监测规范》中（1991 年）[7]。

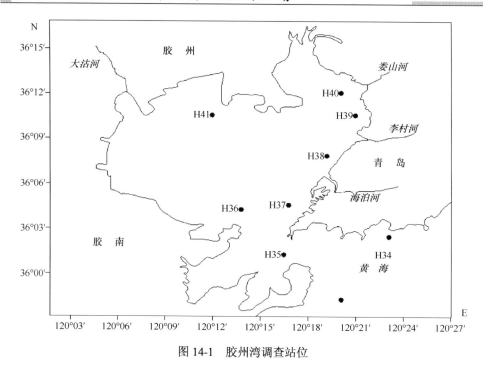

图 14-1　胶州湾调查站位

# 14.2　铬的垂直分布

### 14.2.1　表层季节分布

在胶州湾湾口水域的表层水体中，5月，水体中Cr的表层含量范围为0.13～0.65μg/L；9月，为0.70～1.17μg/L；10月，为0.44～1.56μg/L。这表明在5月、9月和10月，水体中Cr的表层含量范围变化不大，为0.13～1.56μg/L，Cr的表层含量由低到高依次为5月、9月、10月。故得到水体中Cr的表层含量由低到高的季节变化为春季、夏季、秋季。

### 14.2.2　底层季节分布

在胶州湾湾口水域的底层水体中，5月，水体中Cr的底层含量范围为0.11～1.08μg/L；9月，为0.46～1.17μg/L；10月，为0.63～1.58μg/L。这表明在5月、9月和10月，水体中Cr的底层含量范围变化也不大，为0.11～1.58 μg/L，Cr的底层含量由低到高依次为5月、9月、10月。因此，得到水体中Cr的底层含量由低到高的季节变化为春季、夏季、秋季。

### 14.2.3　表底层水平分布趋势

在胶州湾的湾口水域，从胶州湾东部的接近湾口近岸水域 H37 站位到湾口水域 H35 站位。

5 月，在表层，Cr 含量沿梯度降低，从 0.24μg/L 降低到 0.13μg/L。在底层，Cr 含量沿梯度降低，从 1.08μg/L 降低到 0.11μg/L。这表明表层、底层的水平分布趋势是一致的。

9 月，在表层，Cr 含量沿梯度降低，从 1.17μg/L 降低到 0.70μg/L。在底层，Cr 含量沿梯度降低，从 1.16μg/L 降低到 1.12μg/L。这表明表层、底层的水平分布趋势是一致的。

10 月，在表层，Cr 含量沿梯度上升，从 1.31μg/L 上升到 1.44μg/L。在底层，Cr 含量沿梯度上升，从 0.69μg/L 上升到 1.58μg/L。这表明表层、底层的水平分布趋势是一致的。

5 月、9 月和 10 月，胶州湾湾口水域的水体中，表层 Cr 的水平分布与底层的水平分布趋势是一致的。

### 14.2.4　表底层变化范围

在胶州湾的湾口水域，5 月，表层含量（0.13～0.65μg/L）较低时，其对应的底层含量就较低，为 0.11～1.08μg/L。9 月表层含量达到较高值（0.70～1.17μg/L）时，其对应的底层含量就较高（0.46～1.17μg/L）。10 月，表层含量达到最高值（0.44～1.56μg/L）时，其对应的底层含量就最高（0.63～1.58μg/L）。而且，Cr 的底层含量变化范围（0.11～1.58μg/L）大于表层的含量变化范围（0.13～1.56μg/L），变化量基本一样。因此，Cr 的表层含量高的，对应的底层含量就高；同样，Cr 的表层含量低的，对应的底层含量就低。

### 14.2.5　表底层垂直变化

5 月、9 月和 10 月，在这些站位：H34、H35、H36、H37、H82，Cr 的表层、底层含量相减，其差为–0.86～0.66μg/L。这表明 Cr 的表层、底层含量都相近。

5 月，Cr 的表层、底层含量差为–0.86～0.25μg/L。在湾口内西南部水域的 H36 站位为正值，在湾口水域和湾口内的东北部水域的 H35、H37 站位为负值。在湾外水域的 H34、H82 站位也为正值。3 个站为正值，2 个站为负值（表 14-1）。

表 14-1　在胶州湾的湾口水域 Cr 的表层、底层含量差

| 月份 | H36 | H37 | H35 | H34 | H82 |
|------|-----|-----|-----|-----|-----|
| 5 月 | 正值 | 负值 | 负值 | 正值 | 正值 |
| 9 月 | 正值 | 正值 | 负值 | 负值 | 正值 |
| 10 月 | 正值 | 正值 | 负值 | 负值 | 负值 |

9 月，Cr 的表层、底层含量差为 $-0.42\sim0.44\mu g/L$。湾口的湾口内水域的 H36、H37 站位为正值，湾口外的南部水域的 H82 站位为正值。而在湾口水域和湾口外的东北部水域的 H34、H35 站位为负值。3 个站为正值，2 个站为负值（表 14-1）。

10 月，Cr 的表层、底层含量差为 $-0.21\sim0.66\mu g/L$。湾口的湾口内水域的 H36、H37 站位为正值。而在湾口水域的 H35 站位为负值，湾口外的东北部水域 H34 和湾口外的南部水域的 H82 站位都为负值。2 个站为正值，3 个站为负值（表 14-1）。

## 14.3　铬的沉降过程

### 14.3.1　季节变化过程

在胶州湾湾口水域的表层水体中，5 月，Cr 含量变化从低值 $0.65\mu g/L$ 开始，然后开始上升，逐渐增加，到 9 月达到较高值（$1.17\mu g/L$），然后继续上升，到了 10 月，则上升到高峰值（$1.56\mu g/L$）。于是，Cr 的表层含量由低到高的季节变化为春季、夏季、秋季。因此，Cr 含量从春季低值开始，上升到夏季的较高值，然后进一步上升到秋季的高峰值。5 月、9 月和 10 月，Cr 来源是来自河流的输送。这表明在胶州湾湾口水域的表层水体中，Cr 含量的变化主要由河流输送 Cr 含量的变化来确定。通过 Cr 的垂直水体的效应作用[8]，Cr 表层含量的变化也决定了 Cr 底层含量的变化。因此，Cr 含量的季节变化中，河流输送 Cr 含量的变化决定了 Cr 表层含量的变化，也决定了 Cr 底层含量的变化。

### 14.3.2　沉　降　过　程

Cr 经过了垂直水体的效应作用[8]，使 Cr 含量穿过水体后，发生了很大的变化。Cr 易与海水中的浮游动植物以及浮游颗粒结合，具有很强的吸附能力[9]，这一特性对 Cr 元素在海水中的垂直迁移产生了极大的影响。在夏季，海洋生物大量繁殖，数量迅速增加[6]，且由于浮游生物的繁殖活动，悬浮颗粒物表面形成胶体，此时

的吸附力最强，吸附了大量的 Cr 离子，并将其带入表层水体，由于重力和水流的作用，Cr 不断地沉降到海底[2]。这样，展示了 Cr 含量的沉降过程。

在时间尺度上，5 月、9 月和 10 月，Cr 含量随着时间的变化也证实了沉降过程。根据 Cr 含量的表层、底层季节分布，水体中 Cr 的表层含量由低到高的季节变化为春季、夏季、秋季。同样，水体中 Cr 的底层含量由低到高的季节变化为春季、夏季、秋季。这表明由于 Cr 离子被吸附于大量悬浮颗粒物表面，在重力和水流的作用下，Cr 不断地沉降到海底。随着时间的变化，Cr 含量在表层、底层的变化也是一致的，充分展示了 Cr 的迅速沉降，以保持 Cr 含量表层、底层的一致性。

空间尺度上，在胶州湾的湾口水域，5 月、9 月和 10 月，胶州湾湾口水域的水体中，表层 Cr 的水平分布与底层的水平分布趋势是一致的。这表明由于 Cr 离子被吸附于大量悬浮颗粒物表面，在重力和水流的作用下，Cr 不断地沉降到海底。于是，Cr 含量在表层、底层沿梯度的变化趋势是一致的。

变化尺度上，在胶州湾的湾口水域，5 月、9 月和 10 月，Cr 含量在表层、底层的变化量范围基本一样。而且，Cr 的表层含量高的，对应的底层含量就高；同样，Cr 的表层含量低的，对应的底层含量就低。这展示了 Cr 迅速地、不断地沉降到海底，导致了 Cr 含量在表层、底层含量变化保持了一致性。

垂直尺度上，在胶州湾的湾口水域，5 月、9 月和 10 月，Cr 的表层、底层含量都相近。这展示了 Cr 能够从表层很迅速地达到底层，在垂直水体的效应作用[8]下，Cr 含量几乎没有多少损失，因此，Cr 含量在表层、底层保持了相近，在表层、底层 Cr 含量具有一致性。

区域尺度上，在胶州湾的湾口水域，随着时间的变化，Cr 的表层、底层含量相减，其差也发生了变化，这个差值表明了 Cr 含量在表层、底层的变化。当 Cr 含量从河流输入后，首先到表层，通过 Cr 迅速地、不断地沉降到海底，呈现了 Cr 含量在表层、底层的变化。5 月，在湾口内西南部水域和湾外水域，表层的 Cr 含量大于底层的；在湾口内东北部水域和湾口水域，表层的 Cr 含量小于底层的。到了 9 月，在湾口内水域和湾口外的南部水域，表层的 Cr 含量大于底层的；在湾口外东北部水域和湾口水域，表层的 Cr 含量小于底层的。到了 10 月，在湾口内水域，表层的 Cr 含量大于底层的；在湾口外水域和湾口水域，表层的 Cr 含量小于底层的。这说明，5~9 月，与表层 Cr 含量相比，底层 Cr 的高含量区域从湾口内东北部水域和湾口水域逐渐向湾外移动。到了 9 月，底层 Cr 的高含量区域从湾口内东北部水域和湾口水域移动到湾口水域和湾口外东北部水域。到了 10 月，底层 Cr 的高含量区域已经完全移动到湾口水域和湾口外水域。这揭示了水体中 Cr

水平迁移过程和垂直沉降过程。Cr 的水平迁移过程：东北部表层水体中 Cr 含量很高，Cr 含量大小由东北向西南方向递减，一直降低到湾西南的湾口。Cr 的垂直沉降过程：Cr 离子被吸附于大量悬浮颗粒物表面，在重力和水流的作用下，Cr 不断地沉降到海底。

在胶州湾的湾口水域，随着时间的变化，底层 Cr 的高含量区域从湾口内东北部水域和湾口水域逐渐完全移动到湾口水域和湾口外水域。5～9 月，底层 Cr 的高含量区域在移动过程中，湾口水域始终处于底层 Cr 的高含量区域。这展示了在湾口水域，Cr 含量一直在保持大量的沉降。因此，5 月、9 月和 10 月，一直产生了底层 Cr 的高含量区域。

# 14.4　结　　论

Cr 的表层、底层含量由低到高的季节变化为春季、夏季、秋季。Cr 含量的季节变化中，河流输送 Cr 含量的变化决定了 Cr 表层含量的变化，也决定了 Cr 底层含量的变化。

时间尺度上，在胶州湾的湾口水域，5 月、9 月和 10 月，根据 Cr 含量的表层、底层季节分布，随着时间的变化，Cr 含量在表层、底层的变化是一致的；空间尺度上，在胶州湾的湾口水域，5 月、9 月和 10 月，Cr 含量在表层、底层沿梯度的变化趋势是一致的；变化尺度上，在胶州湾的湾口水域，5 月、9 月和 10 月，Cr 含量在表层、底层保持了相近，在表层、底层 Cr 含量具有一致性；区域尺度上，在胶州湾的湾口水域，随着时间变化，底层大的 Cr 含量区域从湾口内东北部水域和湾口水域逐渐完全移动到湾口水域和湾口外水域。而且在湾口水域，Cr 含量一直在保持大量的沉降。因此，5 月、9 月和 10 月，一直产生了底层 Cr 的高含量区域。

在胶州湾的湾口水域，Cr 的垂直分布和季节变化证实了水体 Cr 水平迁移过程和垂直沉降过程。因此，通过胶州湾水域 Cr 的水平迁移过程和垂直沉降过程，有效地控制和改善 Cr 对水体环境的影响。

## 参 考 文 献

[1] 杨东方, 高振会, 孙静亚, 等. 胶州湾水域重金属铬的分布及迁移. 海岸工程, 2008, 27(4): 48-53.

[2] Yang D F, Wang F Y, He H Z, et al. Study on the vertical distribution of Cr in Jiaozhou Bay. Applied Mechanics and Materials, 2014, 675-677: 329-331.

[3] Chen Y, Yu Q H, Li T J, et al. The source and input way of Chromium in Jiaozhou Bay. Applied Mechanics and Materials, 2014, 644-650: 5329-5332.

[4] Yang D F, Zhu S X, Wang F Y, et al. Study on the source of Cr in Jiaozhou Bay. 2014 IEEE workshop on advanced research and technology industry applications. Part D, 2014: 1018-1020.

[5]　Yang D F, Chen Y, Gao Z H, et al. Silicon limitation on primary production and its destiny in Jiaozhou Bay, China Ⅳ Transect offshore the coast with estuaries. Chin J Oceanol Limnol, 2005, 23(1): 72-90.

[6]　杨东方, 王凡, 高振会, 等. 胶州湾浮游藻类生态现象. 海洋科学, 2004, 28(6): 71-74.

[7]　国家海洋局. 海洋监测规范( HY003.4-91). 北京: 海洋出版社, 1991: 205-282.

[8]　Yang D F, Wang F Y, He H Z, et al. Vertical water body effect of benzene hexachloride. Proceedings of the 2015 international symposium on computers and informatics. 2015: 2655-2660.

[9]　王振来, 钟艳玲. 微量元素铬的研究进展. 中国饲料, 2001, 4: 16-17.

# 第 15 章　胶州湾水域铬含量的年份变化

工农业的迅速发展，许多含有铬（Cr）的产品也不断地涌现，在制造和运输的产品过程中，产生了大量含 Cr 的废水，随着河流的携带，Cr 含量向大海迁移[1~8]，在这个过程中严重威胁人类健康。因此，研究近海的 Cr 污染程度和水质状况[1~8]，对保护海洋环境、维持生态可持续发展提供重要帮助。本文根据 1979～1983 年（缺 1980 年）胶州湾的调查资料，研究在这 4 年期间 Cr 在胶州湾海域的含量变化，为治理 Cr 污染的环境提供理论依据。

## 15.1　背　　景

### 15.1.1　胶州湾自然环境

胶州湾位于山东半岛南部，其地理位置为东经 120°04′～120°23′，北纬 35°58′～36°18′，以团岛与薛家岛连线为界，与黄海相通，面积约为 446km²，平均水深约 7m，是一个典型的半封闭型海湾（图 15-1）。胶州湾入海的河流有十几条，其中径流量和含沙量较大的为大沽河和洋河，青岛市区的海泊河、李村河和娄山河等河流，这些河流均属季节性河流，河水水文特征有明显的季节性变化[9,10]。

### 15.1.2　数据来源与方法

本研究所使用的调查数据由国家海洋局北海监测中心提供。胶州湾水体 Cr 的调查[1~6]按照国家标准方法进行，该方法被收录在国家的《海洋监测规范》中（1991 年）[11]。

在 1979 年 5 月和 8 月，1981 年 4 月和 8 月，1982 年 4 月、6 月、7 月和 10 月，1983 年 5 月、9 月和 10 月，进行胶州湾水体 Cr 的调查[1~6]。其站位如图 11-2～图 11-5 所示。

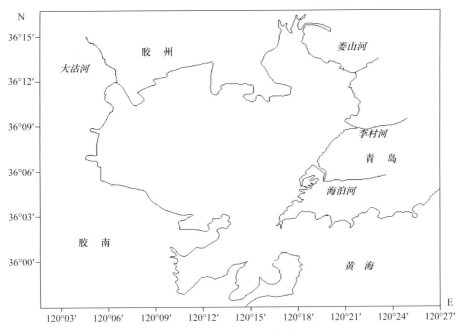

图 15-1　胶州湾地理位置

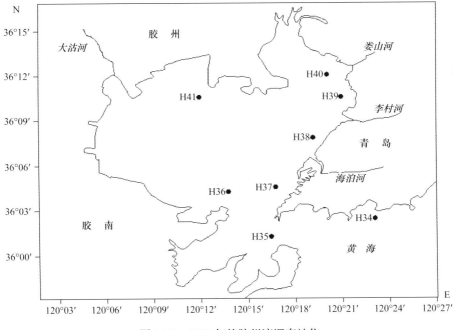

图 15-2　1979 年的胶州湾调查站位

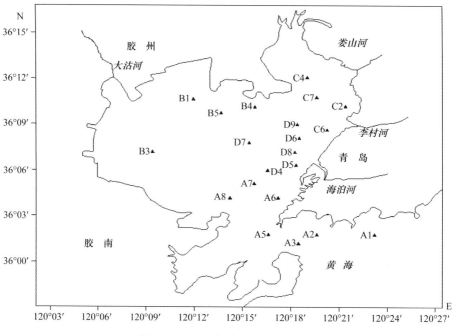

图 15-3　1981 年胶州湾调查站位

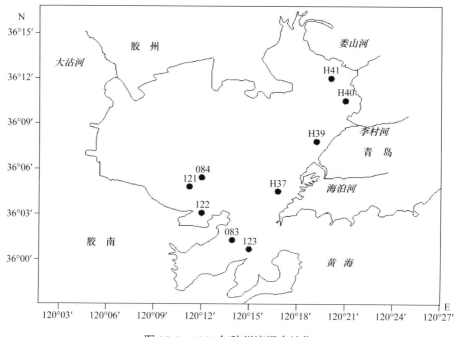

图 15-4　1982 年胶州湾调查站位

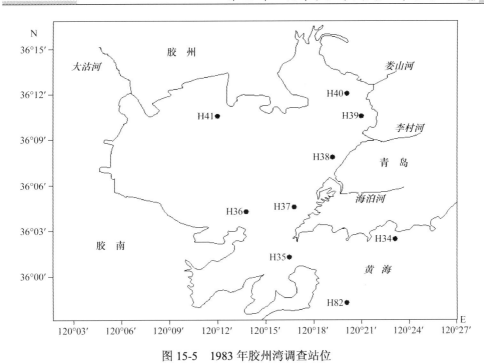

图 15-5　1983 年胶州湾调查站位

# 15.2　铬 的 含 量

## 15.2.1　含 量 大 小

1979 年、1981 年、1982 年、1983 年，对胶州湾水体中的 Cr 进行调查，其含量的变化范围如表 15-1 所示。

表 15-1　4～10 月 Cr 在胶州湾水体中的含量　　　　（单位：μg/L）

| 年份 | 4 月 | 5 月 | 6 月 | 7 月 | 8 月 | 9 月 | 10 月 |
|---|---|---|---|---|---|---|---|
| 1979 年 | | 0.20～112.30 | | | 0.10～1.40 | | |
| 1981 年 | 0.48～32.32 | | | | 0.18～1.85 | | |
| 1982 年 | 0.81～2.11 | | 0.33～9.76 | 1.02～2.42 | | | 0.24～1.35 |
| 1983 年 | | 0.13～3.96 | | | | 0.70～3.78 | 0.44～4.17 |

### 15.2.1.1　1979 年

5 月和 8 月，Cr 在胶州湾水体中的含量范围为 0.10～112.30μg/L，符合国家一类海水水质标准（50.00μg/L）、二类海水水质标准（100.00μg/L）和三类海水水质标准（200.00μg/L）。这表明在 Cr 含量方面，5 月和 8 月，在胶州湾水域，水质受到 Cr 的中度污染（表 15-1）。

5 月，Cr 在胶州湾水体中的含量范围为 0.20～112.30μg/L，胶州湾水域受到 Cr 的中度污染。在胶州湾，以娄山河的入海口近岸水域到李村河的入海口近岸水域，在 Cr 含量方面，达到了三类海水水质标准，水质受到了 Cr 的中度污染。从海泊河的入海口近岸水域一直到湾口水域，Cr 的含量小于 0.20μg/L，Cr 含量不仅达到了一类海水水质标准，而且小于 1.00μg/L，水质非常清洁。

8 月，Cr 在胶州湾水体中的含量范围为 0.10～1.40μg/L，胶州湾水域没有受到 Cr 的任何污染。因此，在整个胶州湾水域，在 Cr 含量方面，不仅达到了一类海水水质标准（50.00μg/L），而且远远小于 50.00μg/L，也小于 2.00μg/L，水质非常清洁。

### 15.2.1.2  1981 年

4 月和 8 月，Cr 含量在胶州湾水体中的范围为 0.18～32.32μg/L，符合国家一类海水水质标准（表 15-1）。

4 月，Cr 含量在胶州湾表层水体中的范围为 0.48～32.32μg/L，在 D1 和 C4 站位 Cr 的含量相对较高，整个水域符合国家一类海水水质标准（50.00μg/L）。在胶州湾，以娄山河和海泊河的入海口水域为中心，Cr 的含量变化范围为 25.40～32.32μg/L，Cr 含量达到了一类海水水质标准，水质没有受到 Cr 含量的任何污染。从湾中心水域一直到湾口水域，Cr 的含量变化范围小于 4.00μg/L，水质非常清洁。

8 月，表层水体中 Cr 含量明显下降，含量范围为 0.18～1.85μg/L，在 D2 站位 Cr 的含量相对较高，整个水域符合国家一类海水水质标准（50.00μg/L），而且远远低于一类海水水质标准，水质没有受到任何 Cr 含量的污染。在胶州湾，以海泊河的入海口水域为中心，Cr 的含量变化范围为 1.85μg/L，水质没有受到 Cr 含量的任何污染。从湾中心水域一直到湾口水域，Cr 的含量变化范围小于 0.90μg/L，水质非常清洁。

因此，在整个胶州湾水域，一年中 Cr 含量变化范围为 0.18～32.32μg/L，在 Cr 含量方面，不仅达到了一类海水水质标准（50.00μg/L），而且远远小于 50.00μg/L，甚至 ≤32.32μg/L，这样，一年中胶州湾水域水质没有受到 Cr 的任何污染，水质非常清洁。

### 15.2.1.3  1982 年

4 月、7 月和 10 月，胶州湾西南沿岸水域 Cr 含量范围为 0.24～2.42μg/L，都符合国家一类海水水质标准（50.00μg/L）。6 月，胶州湾东部和北部沿岸水域 Cr 含量范围为 0.33～9.76 μg/L，也符合国家一类海水水质标准。在 Cr 含量方面，胶州湾西南沿岸水域比胶州湾东部和北部沿岸水域在 Cr 的污染程度方面相对要轻一些（表 15-1）。

4 月、6 月、7 月和 10 月，Cr 在胶州湾水体中的含量范围为 0.24～9.76μg/L，都符合国家一类海水水质标准，而且低于一类海水水质标准（50.00μg/L）。这表明 Cr 含量非常低，没有受到人为的 Cr 污染。因此，在整个胶州湾水域，Cr 含量符合国家一类海水水质标准，水质没有受到任何 Cr 的污染，水质清洁。

### 15.2.1.4　1983 年

5 月，Cr 在胶州湾水体中的含量范围为 0.13～3.96μg/L，在胶州湾东北部的近岸水域，Cr 含量相对比较高，该水域受到 Cr 的轻微影响。9 月，Cr 在胶州湾水体中的含量范围为 0.70～3.78μg/L，在胶州湾东北部的近岸水域，Cr 含量相对比较高，该水域受到 Cr 的轻微影响。10 月，Cr 在胶州湾水体中的含量范围为 0.44～4.17μg/L，在胶州湾东北部的近岸水域，Cr 含量相对比较高，该水域受到 Cr 的轻微影响（表 15-1）。因此，5 月、9 月和 10 月，胶州湾东北部的近岸水域，Cr 含量相对比较高，而在胶州湾的其他水域，Cr 含量都比较低。

5 月、9 月和 10 月，Cr 在胶州湾水体中的含量范围为 0.13～4.17μg/L，都符合国家一类海水水质标准，而且远远低于一类海水水质标准（50.00μg/L）。这表明 Cr 含量非常低，没有受到人为的 Cr 污染。因此，在整个胶州湾水域，Cr 含量符合国家一类海水水质标准，水质清洁，水质没有受到任何 Cr 的污染。

## 15.2.2　年份变化

4 月，1981～1982 年 Cr 含量在胶州湾水体中大量减少。5 月，1979～1983 年 Cr 含量在胶州湾水体中大幅度减少。6 月，在 1982 年 Cr 含量在胶州湾水体中比较低。7 月，在 1982 年 Cr 含量在胶州湾水体中更低。8 月，1979～1981 年 Cr 含量在胶州湾水体中几乎不变。9 月，在 1983 年 Cr 含量在胶州湾水体中也比较低。10 月，1982～1983 年 Cr 含量在胶州湾水体中有稍微的增加。因此，1979～1983 年（缺 1980 年），在胶州湾水体中，4 月和 5 月 Cr 含量都在减少，尤其在 5 月 Cr 含量有大幅度的减少。6 月、7 月和 9 月 Cr 含量都比较低。8 月和 10 月 Cr 含量都有稍微的增加。

## 15.2.3　季节变化

以每年 4 月、5 月、6 月代表春季；7 月、8 月、9 月代表夏季；10 月、11 月、12 月代表秋季。1979～1983 年（缺 1980 年），在胶州湾水体中的 Cr 含量在春季很高，为 0.13～112.30μg/L，在胶州湾水体中的 Cr 含量在夏季比较低，为 0.10～3.78μg/L，在胶州湾水体中的 Cr 含量在秋季较低，为 0.24～4.17μg/L。相比春季、夏季和秋季，在胶州湾水体中的 Cr 含量在春季相对较高，夏季和秋季含量比较低。

1979 年和 1981 年，在胶州湾水体中的 Cr 含量在春季相对较高，夏季含量比较低。1982 年，Cr 含量都非常小，在胶州湾水体中的 Cr 含量在春季相对较高，夏季含量比较低，秋季更低。1983 年，Cr 含量都比较低，在胶州湾水体中的 Cr 含量在春季、夏季和秋季几乎都没有变化，为 3.78～4.17μg/L。

# 15.3 铬的年份变化

## 15.3.1 水 质

以每年 4 月、5 月、6 月代表春季；7 月、8 月、9 月代表夏季；10 月、11 月、12 月代表秋季。1979～1983 年（缺 1980 年），在春季，水体中 Cr 的含量从一类、二类、三类海水水质降低到一类海水水质；在夏季和秋季，水体中 Cr 的含量一直维持在一类海水水质。这表明 Cr 的含量在春季的输入非常大，而在夏季、秋季的输入却非常小（表 15-2）。因此，1979～1983 年（缺 1980 年），在早期的春季胶州湾受到 Cr 含量的中度污染，而到了晚期，春季胶州湾没有受到 Cr 含量的任何污染；在夏季、秋季，1979～1983 年（缺 1980 年），一直保持着胶州湾没有受到 Cr 含量的任何污染，在 Cr 含量方面，水质非常清洁。

表 15-2 春季、夏季、秋季的胶州湾表层水质 （单位：μg/L）

| 年份 | 春季水质 | 夏季水质 | 秋季水质 |
|---|---|---|---|
| 1979 年 | 一类、二类、三类 | 一类 | |
| 1981 年 | 一类 | 一类 | |
| 1982 年 | 一类 | 一类 | 一类 |
| 1983 年 | 一类 | 一类 | 一类 |

## 15.3.2 含 量 变 化

1979～1983 年（缺 1980 年），在胶州湾水体中 Cr 含量逐年在减少，而且，Cr 含量减少的幅度在早期比较大，而在晚期 Cr 含量减少的幅度比较小。

年代越早，含量越高，相应的年份 Cr 含量减少的幅度就越大。例如，1979 年 Cr 的含量为 112.30μg/L，1981 年 Cr 的含量为 32.32μg/L，这样，1979～1981

年 Cr 含量的降低幅度为 79.98μg/L。

年代越晚，含量就越低，相应的年份 Cr 含量减少的幅度就越小。例如，1982 年 Cr 的含量为 9.76μg/L，1983 年 Cr 的含量为 4.17μg/L，这样，1982～1983 年 Cr 含量的降低幅度为 5.59μg/L。

因此，Cr 含量减少的幅度逐年在变小（图 15-6）。

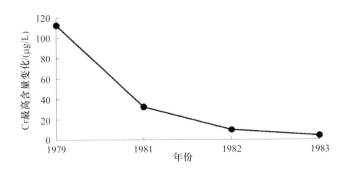

图 15-6　胶州湾水体中 Cr 的最高含量的变化（μg/L）

1979～1983 年（缺 1980 年），在胶州湾水体中 Cr 含量的变化展示了人们向河流减少了 Cr 的排放。胶州湾水体中 Cr 就会迅速减少，整个胶州湾的水体中 Cr 含量就会达到了清洁水域标准。

# 15.4　结　　论

1979～1983 年（缺 1980 年），Cr 含量发生了很大的变化。

水质尺度上，在早期的春季胶州湾受到 Cr 含量的中度污染，而到了晚期，春季胶州湾没有受到 Cr 含量的任何污染。在夏季、秋季，一直保持着胶州湾没有受到 Cr 含量的任何污染，在 Cr 含量方面，水质非常清洁。因此，1979～1983 年，胶州湾受到 Cr 含量的污染在逐渐减少，水质在逐渐变好。

月份尺度上，在胶州湾水体中，4 月和 5 月 Cr 含量都在减少，尤其 5 月 Cr 含量有大幅度的减少。6 月、7 月和 9 月 Cr 含量都比较低。8 月和 10 月 Cr 含量都有稍微的增加。

季节尺度上，在胶州湾水体中的 Cr 含量在春季相对较高，夏季含量比较低。1982 年，Cr 含量都非常小，在胶州湾水体中的 Cr 含量在春季相对较高，夏季含量比较低，秋季更低。1983 年，Cr 含量都比较低，在胶州湾水体中的 Cr 含量在春季、夏季和秋季几乎都没有变化（3.78～4.17μg/L）。

年际尺度上，在胶州湾水体中 Cr 含量逐年减少，而且，Cr 含量减少的幅度在早期比较大，而在晚期 Cr 含量减少的幅度比较小。因此，向胶州湾排放的 Cr 在减少，使得胶州湾水域的 Cr 含量也在逐渐减少。

随着我国环境的改善，水体中 Cr 含量在迅速减少，尤其是在春季，Cr 的高含量大幅度减少。因此，在水体环境治理中，Cr 的控制取得了显著的成效。

## 参 考 文 献

[1] 杨东方, 苗振清. 海湾生态学(上册). 北京: 海洋出版社, 2010: 1-320.

[2] 杨东方, 高振会.海湾生态学(下册). 北京: 海洋出版社, 2010: 1-330.

[3] 杨东方, 高振会, 孙静亚, 等. 胶州湾水域重金属铬的分布及迁移. 海岸工程, 2008, 27(4): 48-53.

[4] 杨东方, 陈豫, 王虹, 等. 胶州湾水体镉的迁移过程和本底值结构. 海岸工程, 2010, 29(4): 73-82.

[5] 杨东方, 陈豫, 常彦祥, 等. 胶州湾水体镉的分布及来源. 海岸工程, 2013, 32(3): 68- 78.

[6] Yang D F, Wang F Y, He H Z, et al. Study on the vertical distribution of Cr in Jiaozhou Bay. Applied Mechanics and Materials, 2014, 675-677: 329-331.

[7] Chen Y, Yu Q H, Li T J, et al. The source and input way of Cadmium in Jiaozhou Bay. Applied Mechanics and Materials , 2014, 644-650: 5333-5335.

[8] Yang D F, Zhu S X, Wang F Y, et al. Study on the source of Cr in Jiaozhou Bay . 2014 IEEE workshop on advanced research and technology industry applications. Part D, 2014: 1018-1020.

[9] Yang D F, Chen Y, Gao Z H, et al. Silicon limitation on primary production and its destiny in Jiaozhou Bay, China Ⅳ Transect offshore the coast with estuaries. Chin J Oceanol Limnol, 2005, 23(1): 72-90.

[10] 杨东方, 王凡, 高振会, 等.胶州湾浮游藻类生态现象. 海洋科学, 2004, 28(6): 71-74.

[11] 国家海洋局. 海洋监测规范( HY003.4-91). 北京: 海洋出版社, 1991: 205-282.

# 第16章　胶州湾水域铬污染源变化过程

随着经济的高速发展，铬（Cr）对环境的影响日益增大。Cr被广泛应用到工业、农业和交通行业，而且日常生活用品中Cr也得到了普遍的使用，在工厂、企业和生活居住区等环境中都有大量的Cr含量存在。这样，人类的活动带来了大量的Cr含量，经过河流的输送，向大海迁移[1~8]。本文根据1979~1983年（缺1980年）胶州湾的调查资料，研究在这4年期间Cr在胶州湾水域的水平分布和污染源变化，为治理Cr污染的环境提供理论依据。

## 16.1　背　　景

### 16.1.1　胶州湾自然环境

胶州湾位于山东半岛南部，其地理位置为东经120°04′~120°23′，北纬35°58′~36°18′，以团岛与薛家岛连线为界，与黄海相通，面积约为446km²，平均水深约7m，是一个典型的半封闭型海湾（图16-1）。胶州湾入海的河流有十几条，其中径流量和含沙量较大的为大沽河和洋河。青岛市区的海泊河、李村河和娄山河等河流，均属季节性河流，河水水文特征有明显的季节性变化[9,10]。

### 16.1.2　数据来源与方法

本研究所使用的调查数据由国家海洋局北海监测中心提供。胶州湾水体Cr的调查[3~8]按照国家标准方法进行，该方法被收录在国家的《海洋监测规范》中（1991年）[11]。

在1979年5月和8月，1981年4月和8月，1982年6月，1983年5月、9月和10月，进行胶州湾水体Cr的调查[3~8]。

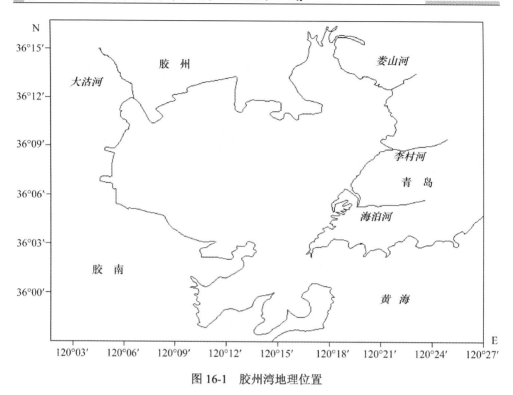

图 16-1　胶州湾地理位置

# 16.2　铬的水平分布

## 16.2.1　1979 年 5 月和 8 月水平分布

5 月，胶州湾东北部，在娄山河和李村河的入海口之间的近岸水域，形成了 Cr 的高含量区，从湾的北部到南部形成了一系列不同梯度的平行线。Cr 含量从 112.30μg/L 沿梯度递减到湾南部湾口内侧水域的 0.20μg/L（图 16-2）。8 月，在胶州湾湾内东部，海泊河入海口附近的近岸水域，以及在胶州湾湾外的东部近岸水域，形成了 Cr 的高含量区，形成了一系列不同梯度的平行线。Cr 含量从 1.40μg/L 沿梯度递减到胶州湾湾内西部近岸水域的 0.10μg/L。

## 16.2.2　1981 年 4 月和 8 月水平分布

4 月，在海泊河的入海口水域，Cr 含量以海泊河的入海口水域为中心，形成了一系列不同梯度的半个同心圆，Cr 含量值从湾东部的 32.32μg/L 降低到湾中心的 0.48μg/L，在胶州湾水体中沿着海泊河的河流方向，Cr 含量在不断递减。在娄山河的入海口水域，形成 Cr 的高含量区，形成了一系列不同梯度的半个同心圆。Cr 含量从中心的高含量（25.40μg/L）向周围的水域沿梯度递减到 0.88μg/L（图 16-3）。8 月，在海泊河入海口水域的南侧近岸水域，形成了一系列不同梯度的半个同心圆，Cr 的含量值从湾东部的 1.85μg/L 降低到湾中心的 0.70μg/L，在胶州湾水体中，从东部的近岸水域沿着梯度向湾中心的方向，Cr 含量在不断递减。

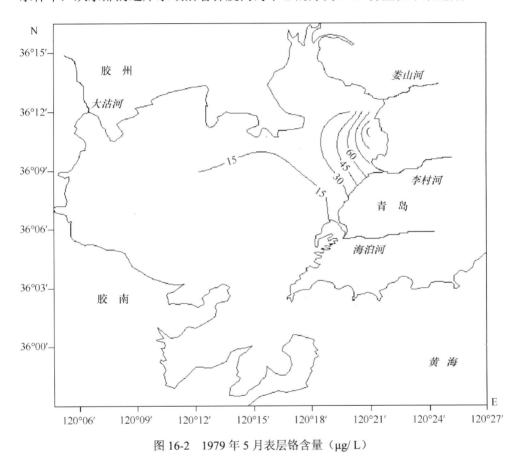

图 16-2　1979 年 5 月表层铬含量（μg/L）

### 16.2.3　1982 年 6 月水平分布

6 月，在胶州湾东部和北部沿岸水域，在娄山河的入海口水域，形成了一系列不同梯度的半个同心圆，Cr 含量从东北部的 9.76μg/L 降低到湾西南湾口的 0.33μg/L，在胶州湾水体中沿着娄山河的河流方向，Cr 含量在不断递减（图 16-4）。

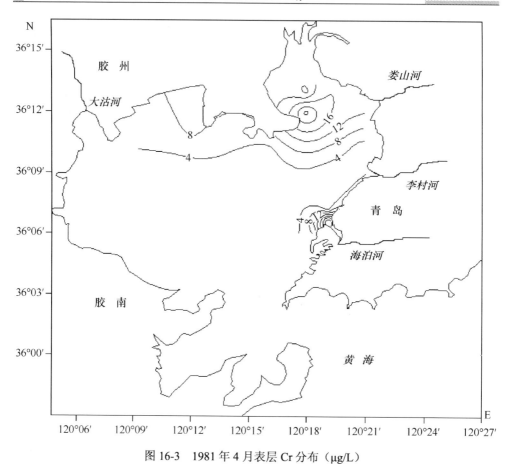

图 16-3  1981 年 4 月表层 Cr 分布（μg/L）

## 16.2.4  1983 年 5 月、9 月和 10 月水平分布

5 月，在胶州湾东北部，在娄山河入海口的近岸水域，形成了 Cr 的高含量区，呈现了一系列不同梯度的半个同心圆，Cr 含量从中心的高含量（3.96μg/L）沿梯度递减到接近湾口水域的 0.24μg/L，最后到湾口水域的 0.13μg/L（图 16-5）。9 月，在胶州湾东北部，在娄山河和李村河的入海口之间的近岸水域，形成了 Cr 的高含量区，呈现了一系列不同梯度的半个同心圆，Cr 含量从 3.78μg/L 沿梯度递减到接近湾口水域的 1.17μg/L，最后到湾口水域的 0.70μg/L。10 月，在胶州湾东北部，在娄山河和李村河的入海口之间的近岸水域，形成了 Cr 的高含量区，呈现了一系列不同梯度的半个同心圆，Cr 含量从 4.17μg/L 沿梯度递减到湾口水域的 1.44μg/L。

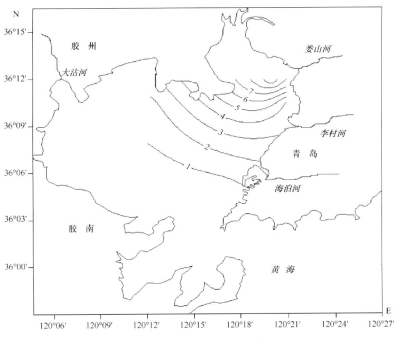

图 16-4　1982 年 6 月表层 Cr 分布（μg/L）

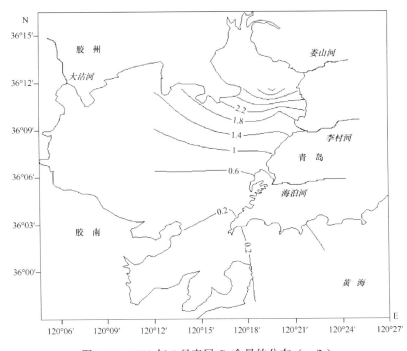

图 16-5　1983 年 5 月表层 Cr 含量的分布（μg/L）

# 16.3 铬的污染源

## 16.3.1 污染源的位置

1979～1983 年（缺 1980 年），每一年中出现了 Cr 含量最高值的位置。

1979 年 5 月和 8 月，在海泊河、娄山河和李村河的入海口水域及其它们之间的近岸水域，Cr 含量的最高值为 112.30μg/L。

1981 年 4 月和 8 月，在海泊河和娄山河的入海口水域及其它们之间的近岸水域，Cr 含量的最高值为 32.32μg/L。

1982 年 6 月，在娄山河的入海口水域，Cr 含量达到最高（9.76μg/L）。

1983 年 5 月、9 月和 10 月，在娄山河和李村河的入海口水域及其它们之间的近岸水域，Cr 含量的最高值为 4.17μg/L。

由此发现，1979～1983 年（缺 1980 年），Cr 含量的高含量污染源来自于海泊河、李村河和娄山河。于是，产生了这样的结果：在海泊河、李村河和娄山河的入海口水域及其它们之间的近岸水域，形成了 Cr 含量的高含量区。在胶州湾水体中，Cr 含量来源于河流，河流带来了人类活动产生的污染，其 Cr 含量范围为 4.17～112.30μg/L。

## 16.3.2 污染源的范围

1979～1983 年（缺 1980 年），在胶州湾的湾内东部近岸水域，有三条入湾径流：海泊河、李村河和娄山河。这三条河流给胶州湾整个水域带来了 Cr 的高含量，其 Cr 含量范围为 4.17～112.30μg/L。于是，胶州湾整个水域的 Cr 含量水平分布展示，以海泊河、李村河和娄山河的三个入海口为中心，形成了一系列不同梯度，从中心沿梯度降低，扩展到胶州湾整个水域。

## 16.3.3 污染源的类型

### 16.3.3.1 中度的污染源

1979 年 5 月和 1981 年 4 月的 Cr 水平分布表明，Cr 污染源在入海口的近岸区域，Cr 的值范围为 32.32～112.30μg/L。在工厂、企业和生活居住区有大量的 Cr 存在，通过管道等方式排放到河流，由入湾河流输送到近岸水域，在近岸水域形成了 Cr 的高含量区，在河流的输送下，以此高含量区为中心，形成了一系列不同梯度的半个同心圆。这样，在胶州湾水体中沿着河流的方向，Cr 的值在递减。因此，由河流输送的 Cr 高含量，进入胶州湾后，呈现一系列不同梯度的半个同心圆。

在春季，河流刚刚开始提高输送能力。随着雨季的来临，雨水的冲刷，将秋季、冬季和春季大量沉积在陆地表层的 Cr 含量，带到了河流。这时，河流输送的 Cr 含量是一年中最高的。因此，在 1979 年 5 月和 1981 年 4 月，输入胶州湾的 Cr 含量是一年中最高的。

### 16.3.3.2  轻微的污染源

1982 年 6 月和 1983 年 10 月的 Cr 水平分布表明，Cr 污染源在入海口的近岸区域，Cr 的值范围为 4.17～9.76μg/L。在工厂、企业和生活居住区有少量的 Cr 存在，通过管道等方式排放到河流，同时，在秋季、冬季和春季，只有少量的沉积在陆地表层的 Cr 含量，带到了河流。这样，由入湾河流输送到近岸水域，而且，Cr 的含量很低，在近岸水域 Cr 含量形成了几乎平行于东北部的海岸线，并且形成了一系列不同梯度的平行线，表层 Cr 的含量由东北部的近岸向南部的湾口方向递减。因此，由河流输送的 Cr 低含量，进入胶州湾后，呈现一系列不同梯度的平行线。

由于在工厂、企业和生活居住区有少量的 Cr 含量存在，通过管道等方式排放到河流。在秋季、冬季和春季，只有少量的沉积在陆地表层的 Cr 含量，带到了河流。于是，就没有在春季河流输送的 Cr 是高含量了，也就没有固定的时间段有河流输送 Cr 的高含量，而是，在夏季和秋季都会出现河流输送的 Cr 含量是一年中最高的。因此，在 1982 年 6 月和 1983 年 10 月，输入胶州湾的 Cr 含量是一年中最高的。

## 16.3.4  污染源的变化特征

1979～1983 年（缺 1980 年），通过胶州湾水体 Cr 的含量大小、水平分布和输入方式的分析，发现在 1979 年和 1981 年与在 1982 年和 1983 年，Cr 污染源的变化特征有很大的不同。在 1979 年和 1981 年，Cr 的污染源的含量为 32.32～112.30μg/L，在 1982 年和 1983 年，Cr 的污染源的含量为 4.17～9.76μg/L；在 1979 年和 1981 年，Cr 的污染源的水平分布为半圆式，在 1982 年和 1983 年，Cr 的污染源的水平分布为平行式；在 1979 年和 1981 年，Cr 的污染源的输入方式为河流，在 1982 年和 1983 年，Cr 的污染源的输入方式为河流；在 1979 年和 1981 年，Cr 的污染源为中度污染源，在 1982 年和 1983 年，Cr 的污染源为轻微污染源（表 16-1）。

表 16-1　Cr 污染源在不同阶段的变化特征　　　　　　（单位：μg/L）

| 时间 | 含量大小 | 水平分布 | 输入方式 | 污染源程度 |
| --- | --- | --- | --- | --- |
| 1979～1981 年 | 32.32～112.30 | 半圆式 | 河流 | 中度污染源 |
| 1982～1983 年 | 4.17～9.76 | 平行式 | 河流 | 轻微污染源 |

1979～1983 年（缺 1980 年），无论在 1979 年和 1981 年还是在 1982 年和 1983 年，Cr 的污染源是唯一不变的，Cr 污染源是河流。

### 16.3.5　污染源的变化过程

在 1979 年和 1981 年，Cr 含量的水平分布展示了 Cr 污染源为中度污染源，在 1982 年和 1983 年，Cr 含量的水平分布展示了 Cr 污染源为轻微污染源。根据 HCH 的污染源变化过程出现的三个阶段：重度污染源、轻度污染源及没有污染源阶段，用三个模型框图来表示[10]（图 16-6）。于是，Cr 的污染源有变化过程出现两个阶段：中度污染源和轻微污染源，用两个模型框图来表示，这与展示 HCH 的污染源的变化过程的三个模型框图中的两个是一致的，即 Cr 的中度污染源和轻微污染源与 HCH 的重度污染源和轻度污染源所使用两个模型框图是一样的（图 16-6）。这说明无论是 Cr 还是有机物 HCH 在污染源的特征和变化过程是一致的。然而，Cr 污染源的变化过程比 HCH 污染源的变化过程少了一个模型框图，也就是表示 1979～1983 年（缺 1980 年），Cr 一直存在污染源。反之，Cr 的污染源状况通过模型框图来确定，就能分析知道属于中度污染源还是轻微污染源的哪个阶段。对此，两个模型框图展示 Cr 的污染源的变化过程。

### 16.3.6　水体的物质变化过程

1979～1984 年（缺 1980 年），HCH 的污染源有变化过程出现三个阶段：重度污染源、轻度污染源以及没有污染源[12]，用三个模型框图来表示（图 16-6）。

1979～1985 年（缺 1984 年），Hg 的污染源有变化过程出现两个阶段：重度污染源和没有污染源，Hg 的重度污染源和没有污染源与 HCH 的重度污染源和没有污染源所使用的两个模型框图是一样的（图 16-6）。

1979～1983 年，PHC 的污染源有变化过程出现两个阶段：重度污染源和轻度污染源，用两个模型框图来表示，这与展示 HCH 的污染源的变化过程的三个模型框图中的两个是一致的，即 PHC 的重度污染源和轻度污染源与 HCH 的重度污染源和没有污染源所使用的两个模型框图是一样的（图 16-6）。

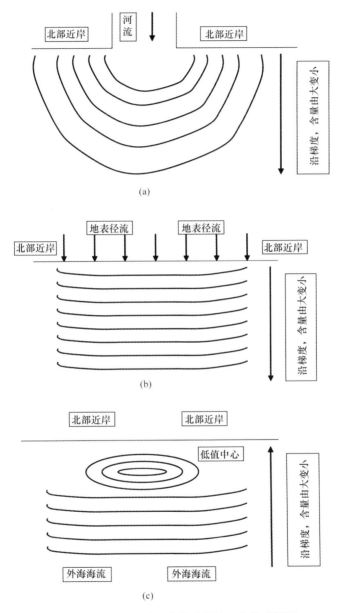

图 16-6　HCH 污染源变化过程的三个模型框图

（a）HCH 的重度污染源；（b）HCH 的轻度污染源；（c）没有 HCH 的污染源（来自杨东方，2011）
Cr 的污染源的变化过程的两个模型框图：（a）Cr 的中度污染源；（b）Cr 的轻微污染源

1979～1983 年（缺 1980 年），Cr 的污染源有变化过程出现两个阶段：中度污染源和轻微污染源，用两个模型框图来表示，这与展示 HCH 的污染源的变化过程的三个模型框图中的两个是一致的，即 Cr 的中度污染源和轻微污染源与 HCH 的重度污染源和轻度污染源所使用的两个模型框图是一样的（图 16-6）。

HCH 的污染源有变化过程出现三个阶段：重度污染源、轻度污染源以及没有污染源，用三个模型框图来表示[12]，重金属 Hg[13]、Cr 和有机物质 HCH[12]、PHC[14]都是按照这三个模型框图在水体中进行变化的。因此，各种各样物质的水平分布展示了物质都是按照三个模型框图在水体中进行变化的。也许这些物质是这三个模型框图的其中一个或者两个或者三个的变化过程，这样，物质在变化过程中分别占据了 HCH 污染源的变化过程中的不同阶段。作者将这三个阶段和相应的三个模型框图称为物质的扩散规律，这个规律揭示了一切物质在水体中的扩散过程，也就是在水体中的扩散物质都将遵循这个规律。

# 16.4　结　　论

1979～1983 年（缺 1980 年），随着时间的变化，胶州湾水域 Cr 的污染源发生了很大变化。Cr 的时间阶段分为 1979 年和 1981 年、1982 年和 1983 年两个阶段，在这两个阶段的过程中，Cr 污染源的含量由高值变为低值，其水平分布由半圆式变为平行式，其输入方式由河流仍然变为河流，其污染源程度由中度污染变为轻微污染。展示了 Cr 污染源的变化过程，在这个过程中，唯一不变的是 Cr 的污染源是河流。河流受到的污染，主要是受到人类的污染造成的，如在工厂、企业和生活居住区有大量的 Cr 存在，最终都排放到河流中。

作者根据重金属 Hg、Cr 和有机物质 HCH、PHC 在水体中的扩散过程，提出了物质的扩散规律，这个规律包括了三个阶段和相应的三个模型框图。那么，在水体中的一切扩散物质都将遵循这个规律。

## 参 考 文 献

[1]　杨东方, 苗振清. 海湾生态学(上册). 北京: 海洋出版社, 2010: 1-320.

[2]　杨东方, 高振会.海湾生态学(下册). 北京: 海洋出版社, 2010: 1-330.

[3]　杨东方, 高振会, 孙静亚, 等. 胶州湾水域重金属铬的分布及迁移. 海岸工程, 2008, 27(4): 48-53.

[4]　杨东方, 陈豫, 王虹, 等. 胶州湾水体镉的迁移过程和本底值结构. 海岸工程, 2010, 29(4): 73-82.

[5]　杨东方, 陈豫, 常彦祥, 等. 胶州湾水体镉的分布及来源. 海岸工程, 2013, 32(3): 68- 78.

[6]　Yang D F, Wang F Y, He H Z, et al. Study on the vertical distribution of Cr in Jiaozhou Bay. Applied Mechanics and Materials , 2014, 675-677: 329-331.

[7]　Yang D F, Zhu S X, Wang F Y, et al. The distribution and content of Chromium in Jiaozhou Bay. Applied Mechanics and Materials , 2014, 644-650: 5325-5328.

[8] Yang D F, Zhu S X, Wang F Y, et al. Study on the source of Cr in Jiaozhou Bay. 2014 IEEE workshop on advanced research and technology industry applications. Part D, 2014: 1018-1020.

[9] Yang D F, Chen Y, Gao Z H, et al. Silicon Limitation on primary production and its destiny in Jiaozhou Bay, China IV Transect offshore the coast with estuaries. Chin J Oceanol Limnol, 2005, 23(1): 72-90.

[10] 杨东方, 王凡, 高振会, 等.胶州湾浮游藻类生态现象. 海洋科学, 2004, 28(6): 71-74.

[11] 国家海洋局. 海洋监测规范( HY003.4-91). 北京: 海洋出版社, 1991: 205-282.

[12] 杨东方, 丁咨汝, 郑琳, 等. 胶州湾水域有机农药六六六的分布及均匀性. 海岸工程, 2011, 30(2): 66-74.

[13] Yang D F, Wang F Y, He H Z, et al. Effect of Hg in Jiaozhou Bay waters-The change process of the Hg pollution sources. Advanced Materials Research, 2014, 955-959: 1443-1447.

[14] Yang D F, Wang F Y, Zhu S X, et al. Effects of PHC on water quality of Jiaozhou Bay: II Changing process of pollution sources. Meterological and Environmental Research, 2016, 7(1): 44-47.

# 第 17 章　胶州湾水域铬的陆地迁移过程

工业的重金属生产和消费在工业的发展中具有不可替代的作用。制造业是工业的重要基础，也是我国国民经济和支柱产业，这样，工业的重金属生产和消费在宏观经济的发展中占有举足轻重的地位。自从 1979 年以来，中国工业迅速发展，Cr 含量也大量消费。因此，研究 Cr 含量在胶州湾水域的存在状况[1~8]，了解 Cr 含量对环境造成的污染有着非常重要的意义。

本文根据 1979～1983 年（缺 1980 年）胶州湾的调查资料，研究 Cr 在胶州湾海域的季节变化和月降水量变化，确定 Cr 含量的季节变化的来源、输送和人类活动的影响，展示了胶州湾水域 Cr 含量的季节变化过程和陆地迁移过程，为 Cr 含量在胶州湾水域的来源、迁移和季节变化的研究提供科学依据。

## 17.1　背　　景

### 17.1.1　胶州湾自然环境

胶州湾位于山东半岛南部，其地理位置为东经 120°04′～120°23′，北纬 35°58′～36°18′，以团岛与薛家岛连线为界，与黄海相通，面积约为 446km²，平均水深约 7m，是一个典型的半封闭型海湾（图 17-1）。胶州湾入海的河流有十几条，其中径流量和含沙量较大的为大沽河和洋河，青岛市区的海泊河、李村河和娄山河等河流，这些河流均属季节性河流，河水水文特征有明显的季节性变化[9, 10]。

### 17.1.2　数据来源与方法

本研究所使用的调查数据由国家海洋局北海监测中心提供。胶州湾水体 Cr 的调查[3~8]按照国家标准方法进行，该方法被收录在国家的《海洋监测规范》中（1991 年）[11]。

在 1979 年 5 月和 8 月，1981 年 4 月和 8 月，1982 年 4 月、7 月和 10 月，1983 年 5 月、9 月和 10 月，进行胶州湾水体 Cr 含量的调查[3~8]。以每年 4 月、5 月、6 月代表春季；7 月、8 月、9 月代表夏季；10 月、11 月、12 月代表秋季。

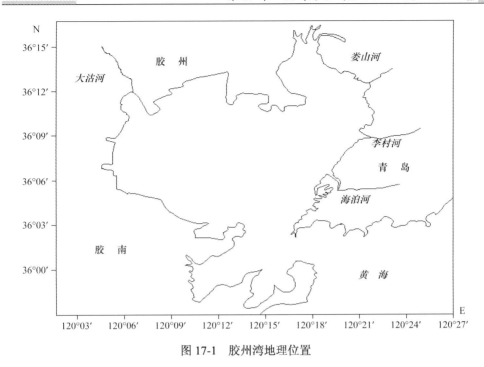

图 17-1    胶州湾地理位置

# 17.2    铬的季节分布

## 17.2.1    1979 年季节分布

在春季，在整个胶州湾表层水体中，Cr 的表层含量为 0.20～112.30μg/L，达到了很高值。然后 Cr 含量开始下降，在夏季，Cr 的表层含量为 0.10～1.40μg/L，达到了很高值。以同样的站位，作 5 月与 8 月的 Cr 含量的差，得到只有一个站位为负值，其他站位都为正值 17.60～111.30。这说明：在胶州湾的表层水体中，春季的 Cr 表层含量几乎都高于夏季的。因此，在胶州湾的水体中，Cr 的表层含量在春季的比夏季的高。

## 17.2.2    1981 年季节分布

4 月和 8 月，4 月，Cr 在胶州湾表层水体中的含量比较高，其范围为 0.48～32.32μg/L；8 月，表层水体中 Cr 的含量明显减少，Cr 在胶州湾表层水体中的含量比较低，其范围为 0.18～1.85μg/L。因此，4 月 Cr 含量达到较高值，然后 Cr 含量开始下降，到 8 月达到较低值。而且 Cr 含量大于 1μg/L 的水域，从 4 月开始非常的大，几乎扩展到整个胶州湾的水域，然后到 8 月此水域开始减少，变得非常小。因此，在胶州湾的水体中，Cr 的表层含量在春季的较高，而夏季的是比较低的。这样，Cr 的表层含量从高到低的季节变化为春季、夏季，Cr 的季节变化形成了春季、夏季的一个下降曲线。

### 17.2.3　1982 年季节分布

胶州湾西南沿岸水域的表层水体中，4 月，水体中 Cr 的表层含量范围为 0.81～2.11μg/L；7 月，为 1.02～2.42μg/L；10 月，为 0.24～1.35μg/L。这表明在 4 月、7 月和 10 月，水体中 Cr 的表层含量范围变化不大，为 0.24～2.42μg/L，Cr 的表层含量由低到高依次为 10 月、4 月、7 月。故得到水体中 Cr 的表层含量由低到高的季节变化为秋季、春季、夏季。

### 17.2.4　1983 年季节分布

在胶州湾湾口水域的表层水体中，5 月，水体中 Cr 的表层含量范围为 0.13～0.65μg/L；9 月，为 0.70～1.17μg/L；10 月，为 0.44～1.56μg/L。这表明在 5 月、9 月和 10 月，水体中 Cr 的表层含量范围变化不大，为 0.13～1.56μg/L，Cr 的表层含量由低到高依次为 5 月、9 月、10 月。故得到水体中 Cr 的表层含量由低到高的季节变化为春季、夏季、秋季。

### 17.2.5　月降水量变化

1982 年 6 月至 2007 年，青岛地区的气候平均月降水量的季节变化趋势非常明显。以夏季为最高，与春季、秋季、冬季相比，每年只有一个夏季的高峰值。以冬季为最低，与春季、夏季、秋季相比，每年只有一个冬季的低谷值。1 月，降水量是一年中最低的，最低值为 11.8mm。从 1 月开始缓慢上升，5 月，降水量增加加快，一直到 8 月，经过 7 个月的上升。8 月，降水量增长到高峰值 150.3mm。然后开始迅速下降，11 月，降水量减少放慢，一直到 1 月，经过 5 个月的下降，达到低谷值（图 17-2）。接着又周而复始。11 月，降水量为 23.4mm，4 月，降水量为 33.4mm。这表明从 11 月一直到第二年的 4 月，这 5 个月的降水量都低于 33.4mm。在春季、夏季和秋季中，春季的降水量比较高，夏季的是最高的，而秋季的是最低的。这样，在胶州湾的河流流量也具有这样的特征：春季的河流流量比较高，夏季的是最高的，而秋季的是最低的。

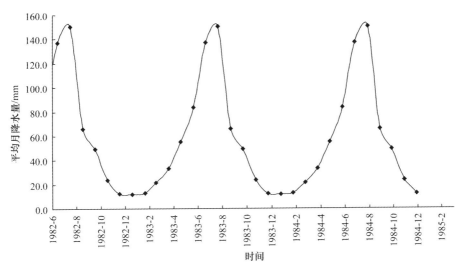

图 17-2 青岛地区的气候平均月降水量/mm

因此，河流输送的 Cr 并不具有这样的特征：春季的河流流量比较高，夏季的是最高的，而秋季的是最低的。这就表明输送的 Cr 并不是完全由河流的流量来决定。

这表明 1979～1983 年（缺 1980 年），在胶州湾水体中 Cr 表层含量都来自河流的输送。然而输送的 Cr 表层含量并不是完全由河流的流量来决定的，而是一部分由人类活动污染河流的 Cr 含量来决定。这样，输送的 Cr 表层含量由河流的流量和人类活动污染河流的 Cr 含量来共同决定。当河流的流量来决定输送的 Cr 含量时，在胶州湾水体中 Cr 的含量就呈现了明显的季节变化。当人类活动向河流排放 Cr 来决定输送的 Cr 时，在胶州湾水体中 Cr 的含量就展示了没有明显的季节变化。

## 17.2.6 高含量的季节

1979～1983 年（缺 1980 年），在胶州湾水体中 Cr 含量逐年在减少。年代越早，Cr 含量就越高。Cr 的高含量发生在春季，如 1979 年 Cr 的含量为 112.30μg/L，1981 年 Cr 的含量为 32.32μg/L。年代越晚，Cr 含量就越低。这时，Cr 的高含量发生在夏季，如 1982 年 Cr 的含量为 9.76μg/L。年代更晚，Cr 含量更低。这时，Cr 的高含量发生在秋季，如 1983 年 Cr 的含量为 4.17μg/L（图 17-3）。

因此，1979～1983 年（缺 1980 年），随着在胶州湾水体中 Cr 含量逐年在减少，一年中的 Cr 高含量从发生在春季转变为发生在夏季、发生在秋季。在胶州湾水体中 Cr 含量的变化展示了人们向河流减少了 Cr 含量的排放，同时，排放的季节也在变化。胶州湾水体中 Cr 含量就会迅速地减少，一年中相对的 Cr 高含量在秋季出现。

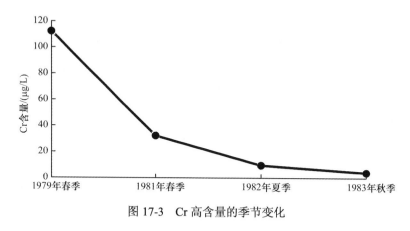

图 17-3　Cr 高含量的季节变化

# 17.3　铬的陆地迁移

## 17.3.1　使　用　量

中国现代化的工业和农业都高速发展，尤其是高铁、制造业都处于世界领先地位。而且，城镇化也在强力推进，使中国人民摆脱了贫困，过上了幸福的生活。然而，在国家发展过程中，也带来了环境的污染。因此，自从 1979 年以来，中国工业迅速发展，重金属也大量消费，如重金属铬。在 2005 年我国铬及其化合物生产能力已达到 33 万 t，在 2006 年全世界的铬及其化合物生产能力为 130 万 t，我国的生产能力为 40 万 t，占世界的 30.8%。目前我国已成为世界上最大的铬盐生产和消费国。工业的重金属生产和消费在工业的发展中具有不可替代的作用。制造业是工业的重要基础，也是我国国民经济和支柱产业，这样，工业的重金属生产和消费在宏观经济的发展中占有举足轻重的地位。

## 17.3.2　河　流　输　送

铬在工业、农业中的用途很广，主要用于金属加工、电镀、皮革行业。铬在日常生活中也广泛使用，如厨具、家具和工具都需要重金属铬。总之，利用现代铬的加工技术，铬产品已遍及到工业、农业、国防、交通运输和人们日常生活的各个领域中去了。因此，在人类的活动中处处都离不开铬的产品。

对此，在生产和冶炼铬的过程中，向大气、陆地和大海的排放。排放的特征如下：①含铬的废水排放特征，如铬盐厂工业洗涤用水和蒸发冷凝水排放等；②含铬的废气排放特征，如焙烧过程回转窑尾气、铬酸酐生产废气等；③含铬的废渣排放特征，如经过雨雪淋浸，铬渣场渗出水。这样。铬与其化合物在生产过程中产生了含铬的废水、废气和废渣，这些含铬的废弃物所含的六价铬就会被溶出，通过地表水、地下水的输送，最后进入河流、湖泊中会严重污染环境。

由此认为，在空气、土壤、地表、河流等任何地方都有铬的残留量，而且，以各种不同的化学产品和污染物质形式存在。而且经过地面水和地下水都将铬的残留量汇集到河流中，最后迁移到海洋的水体中。

1982 年 6 月至 2007 年，青岛地区的气候平均月降水量是在 8 月，降水量增长到高峰值。因此，随着降水量的增长，雨水的冲刷将地面上和土壤中的铬残留量带到河流中。然后，通过河流的输送，将铬的残留量带到胶州湾。这样，当铬排放大量时，经过秋季、冬季和春季地面上和土壤中的铬的积累，当雨季来临时，通过河流输送铬含量，在胶州湾水体中，铬含量在春季达到一年中最高。等到铬排放少量时，河流输送的铬含量也就比较低，这时，在胶州湾水体中，铬含量在夏季达到一年中最高。等到铬排放极少量时，河流输送的铬含量也很低，这时，在胶州湾水体中，铬含量在秋季达到一年中最高。

## 17.3.3  陆地迁移过程

### 17.3.3.1  输送的来源

输送的铬表层含量由河流的流量和人类活动污染河流的铬含量来共同决定。

铬具有质硬而脆、耐腐蚀等优良特性，广泛应用于冶金、化工、铸铁、耐火及高精端科技等领域，用于制不锈钢、汽车零件、工具、磁带和录像带等。铬产品已遍及到工业、农业、国防、交通运输和人们日常生活的各个领域中去了。因此，在日常的生活中处处都离不开铬的产品。

在生产和冶炼含铬产品的过程中，向大气、陆地和大海的大量排放导致在空气、土壤、地表、河流等任何地方都有铬的残留，而且，以各种不同的化学产品和污染物质形式存在。而且经过地面水和地下水都将铬的残留量汇集到河流中，最后迁移到海洋的水体中。

通过地表水、地下水将陆地、大气的铬含量都带到河流的水体中。这样，河流的铬含量是由河流的流量和人类活动共同决定。

### 17.3.3.2　河流的输送

在春季、夏季和秋季中，春季的降水量比较高，夏季的是最高的，而秋季是最低的。这样，在胶州湾的河流流量也具有这样的特征：春季的河流流量比较高，夏季的是最高的，而秋季的是最低的。然而，河流输送的铬含量不具有这样的特征：春季的河流流量比较高，夏季的是最高的，而秋季的是最低的。这就表明输送的铬含量并不是由河流的流量来决定，而主要是由人类的排放来决定。

因此，河流的铬含量是由人类排放量的大小来决定。例如，1979 年和 1981 年，当铬排放大量时，铬含量在春季达到一年中最高；又如，1982 年，当铬排放少量时，铬含量在夏季达到一年中最高；再如，1982 年，当铬排放极少量时，铬含量在秋季达到一年中最高。对此，在胶州湾水体中，铬含量的变化展示了其季节变化是不明显的。

### 17.3.3.3　模型框图

1979～1983 年，在胶州湾水体中 Cr 含量的季节变化，由陆地迁移过程所决定，Cr 的陆地迁移过程出现三个阶段：人类对 Cr 含量的使用、Cr 含量沉积于土壤和地表中、河流和地表径流把 Cr 含量输入到海洋的近岸水域。这可用模型框图来表示（图 17-4）。Cr 含量的陆地迁移过程通过模型框图来确定，就能分析知道 Cr 含量经过的路径和留下的轨迹。对此，三个模型框图展示了：Cr 含量从生产到地表和土壤由人类来决定，从土地到海洋是由河流输送的。这样，就进一步地展示了河流的 Cr 含量主要是由人类活动来决定的。因此，在胶州湾的水体中 Cr 含量的变化就是人类向河流排放的 Cr 含量来决定的。

图 17-4　Cr 含量的陆地迁移过程模型框图

### 17.3.3.4　人类的排放

1979～1983 年（缺 1980 年），在胶州湾水体中 Cr 含量逐年在减少。这表明人类活动向河流排放 Cr 含量在逐渐减少。然而，自从 1979 年以来，随着中国工业的迅速发展，重金属铬的消费在逐年的大量增加。这表明虽然铬的消费量在逐年增加，可是，人类向环境排放的 Cr 在逐年减少。这揭示人类增强了环保的意识，加大了环境保护的力度。即使在工业发展迅猛的年代，Cr 的排放都在减少。

# 17.4　结　　论

1979～1983 年（缺 1980 年），在空间尺度上，胶州湾的东北部水域有海泊河、李村河和娄山河的入海口，为湾的东北部近岸水域提供了河流的输送。这都展示了 Cr 含量变化有梯度形成：从大到小呈下降趋势。因此，通过 Cr 含量在胶州湾水域的分布、来源和季节变化以及该地区的雨量大小变化，作者认为向近岸水域输入 Cr 含量并不是由河流的流量来决定，而主要是由人类的排放来决定。这展示了铬在陆地的迁移过程。

在日常的生活中处处都离不开含铬的产品，在冶炼、生产和使用含铬产品的过程中，向大气、陆地和大海排放了 Cr。在空气、土壤、地表、河流等任何地方都有铬的残留量，而且，以各种不同的化学产品和污染物质形式存在。因此，经过地面水和地下水都将铬的残留量汇集到河流中，Cr 含量最后迁移到海洋的水体中。于是，就展示了河流的输送。

时间尺度上，在胶州湾，河流的铬含量是由人类排放量的大小来决定。例如，1979 年和 1981 年，当铬排放大量时，铬含量在春季达到一年中最高；又如，1982 年，当铬排放少量时，铬含量在夏季达到一年中最高；再如，1982 年，当铬排放极少量时，铬含量在秋季达到一年中最高。对此，在胶州湾水体中，铬含量的变化展示了其季节变化是不明显的。

1979～1983 年（缺 1980 年），在胶州湾水体中 Cr 含量的季节变化，是由陆地迁移过程所决定。Cr 的陆地迁移过程出现三个阶段：人类对 Cr 的冶炼、生产和使用，Cr 沉积于土壤和地表中，河流和地表径流把 Cr 输入到海洋的近岸水域。这可用模型框图展示了：Cr 含量从生产到地表和土壤是由人类来决定，从土地到海洋是由河流输送的。因此，在胶州湾的水体中 Cr 含量的变化就是人类向河流排放的 Cr 含量来决定的。

1979～1983 年（缺 1980 年），铬的消费量在逐年增加，可是，人类向环境排放的 Cr 含量在逐年减少。这揭示了人类增强环保意识，加大环境保护的力度。因此，即使在工业发展迅猛的年代，Cr 含量的排放都在减少。于是，胶州湾水体中 Cr 含量就会迅速减少，整个胶州湾的水体中 Cr 的含量就会达到了清洁水域的标准。

## 参 考 文 献

[1]　杨东方, 苗振清. 海湾生态学(上册). 北京: 海洋出版社, 2010: 1-320.

[2]　杨东方, 高振会. 海湾生态学(下册). 北京: 海洋出版社, 2010: 1-330.

[3]　杨东方, 高振会, 孙静亚, 等. 胶州湾水域重金属铬的分布及迁移. 海岸工程, 2008, 27(4): 48-53.

[4]  杨东方, 陈豫, 王虹, 等. 胶州湾水体镉的迁移过程和本底值结构. 海岸工程, 2010, 29(4): 73-82.

[5]  杨东方, 陈豫, 常彦祥, 等. 胶州湾水体镉的分布及来源. 海岸工程, 2013, 32(3): 68-78.

[6]  Yang D F, Wang F Y, He H Z, et al. Study on the vertical distribution of Cr in Jiaozhou Bay. Applied Mechanics and Materials , 2014, 675-677: 329-331.

[7]  Yang D F, Zhu S X, Wang F Y, et al. The distribution and content of Chromium in Jiaozhou Bay. Applied Mechanics and Materials , 2014, 644-650: 5325-5328.

[8]  Yang D F, Zhu S X, Wang H Y, et al. Study on the source of Cr in Jiaozhou Bay . 2014 IEEE workshop on advanced research and technology industry applications. Part D, 2014: 1018-1020.

[9]  Yang D F, Chen Y, Gao Z H, et al. Silicon limitation on primary production and its destiny in Jiaozhou Bay, China IV Transect offshore the coast with estuaries. Chin J Oceanol Limnol, 2005, 23(1): 72-90.

[10]  杨东方, 王凡, 高振会, 等. 胶州湾浮游藻类生态现象. 海洋科学, 2004, 28(6): 71-74.

[11]  国家海洋局. 海洋监测规范( HY003.4-91). 北京: 海洋出版社, 1991: 205-282.

[12]  杨东方, 丁咨汝, 郑琳, 等. 胶州湾水域有机农药六六六的分布及均匀性. 海岸工程, 2011, 30(2): 66-74.

[13]  Yang D F, Wang F Y, He H Z, et al. Effect of Hg in Jiaozhou Bay waters-The change process of the Hg pollution sources. Advanced Materials Research , 2014, 955-959: 1443-1447.

[14]  Yang D F, Wang F Y, Zhu S X, et al. Effects of PHC on water quality of Jiaozhou Bay: II Changing process of pollution sources. Meterological and Environmental Research, 2016, 7(1): 44-47.

# 第18章　胶州湾水域铬的水域沉降过程

铬（Cr）是一种微带天蓝色的银白色金属，有很强的钝化性能，在大气中很快钝化，具有较强的耐腐蚀性，而且在碱、硝酸、硫化物、碳酸盐以及有机酸等腐蚀介质中也非常稳定。于是，Cr 被广泛应用于冶金、化工、铸铁、耐火及高精尖科技等领域，用于制不锈钢、汽车零件、工具、磁带和录像带等。在工农业和城市的发展中起到重要作用，是我们日常生活不可缺失的重要化学元素，长期的大量使用，Cr 含量通过地表径流和河流，输送到海洋，然后，储存在海底[1~8]。因此，研究海洋水体中 Cr 含量的底层分布变化，了解 Cr 含量对环境造成持久性的污染有着非常重要的意义。

根据 1979~1983 年（缺 1980 年）的胶州湾水域调查资料，研究 Cr 含量在胶州湾水域的存在状况[1~6]。1980~1981 年，在胶州湾水体中 Cr 含量没有季节的变化，是由人类的排放量经过陆地迁移过程所决定的；Cr 含量的陆地迁移过程出现三个阶段：人类对 Cr 的使用、Cr 沉积于土壤和地表中、河流和地表径流把 Cr 输入到海洋的近岸水域。本文根据 1979~1983 年（缺 1980 年）胶州湾的调查资料，研究 Cr 含量在胶州湾海域的底层分布变化，为治理 Cr 含量污染的环境提供理论依据。

## 18.1　背　　景

### 18.1.1　胶州湾自然环境

胶州湾位于山东半岛南部，其地理位置为东经 120°04′~120°23′，北纬 35°58′~36°18′，以团岛与薛家岛连线为界，与黄海相通，面积约为 446km²，平均水深约 7m，是一个典型的半封闭型海湾（图 18-1）。胶州湾入海的河流有十几条，其中径流量和含沙量较大的为大沽河和洋河，青岛市区的海泊河、李村河和娄山河等河流，这些河流均属季节性河流，河水水文特征有明显的季节性变化[9, 10]。

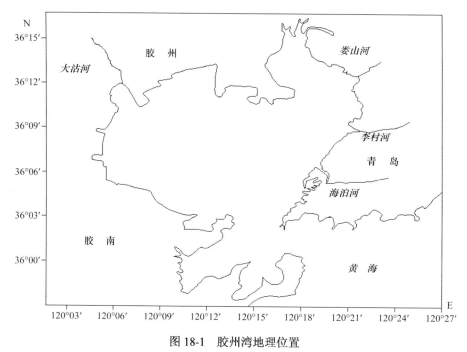

图 18-1　胶州湾地理位置

### 18.1.2　数据来源与方法

本研究所使用的调查数据由国家海洋局北海监测中心提供。胶州湾水体 Cr 的调查[3~8]按照国家标准方法进行，该方法被收录在国家的《海洋监测规范》中（1991 年）[11]。

在 1979 年 8 月，1981 年 4 月和 8 月，1982 年 4 月、7 月和 10 月，1983 年 5 月、9 月和 10 月，进行胶州湾水体 Cr 含量的调查[3~8]。以每年 4 月、5 月、6 月代表春季；7 月、8 月、9 月代表夏季；10 月、11 月、12 月代表秋季。

# 18.2　铬的底层分布

## 18.2.1　底层含量大小

1979 年、1981 年、1982 年、1983 年，对胶州湾水体底层中的 Cr 含量进行调查，其底层含量的变化范围如表 18-1 所示。

#### 18.2.1.1　1979 年

8 月，在胶州湾的湾口底层水域，Cr 含量的变化范围为 0.03～0.40μg/L，都符合国家一类海水水质标准（50.00μg/L）。这表明 8 月，在 Cr 含量方面，在胶州湾的湾口底层水域，Cr 含量比较低，水质清洁，完全没有受到 Cr 的任何污染（表 18-1）。

**表 18-1　4~11 月（缺少 6 月、7 月）Cr 在胶州湾水体底层中的含量**（单位：μg/L）

| 年份 | 4 月 | 5 月 | 8 月 | 9 月 | 10 月 | 11 月 |
|------|------|------|------|------|-------|-------|
| 1979 年 | | | 0.03~0.40 | | | |
| 1981 年 | 0.50~3.78 | | 0.14~1.42 | | | |
| 1982 年 | 0.81~0.95 | | 1.20~2.11 | | | 0.27~0.51 |
| 1983 年 | | 0.06~1.08 | | 0.46~1.17 | 0.63~1.58 | |

### 18.2.1.2　1981 年

4 月，在胶州湾的湾中心底层水域，站位为 A7、A8、B5、D5，这 4 个站位构成了胶州湾的中心底层水域。Cr 含量的变化范围为 0.50~3.78μg/L，都符合国家一类海水水质标准（50.00μg/L）。这表明 4 月，在 Cr 含量方面，在胶州湾的湾中心底层水域，Cr 含量比较低，水质清洁，完全没有受到 Cr 的任何污染（表 18-1）。

8 月，在胶州湾的湾口底层水域，从湾口外侧到湾口，再到湾口内侧，站位为 A1、A2、A3、A5、A6、A8、B5。其中 A1、A2 构成湾口外侧底层水域，A3、A5 构成湾口底层水域，A6、A8、B5 构成湾口内侧底层水域，这 7 个站位构成了胶州湾的湾口底层水域，即从湾口外侧到湾口，再到湾口内侧。在胶州湾的湾口底层水域，Cr 含量的变化范围为 0.14~1.42μg/L，都符合国家一类海水水质标准（50.00μg/L）。这表明 8 月，在 Cr 含量方面，在胶州湾的湾口底层水域，Cr 含量很低，甚至与国家一类海水水质标准相比，要相差两个数量级，该水域水质清洁，完全没有受到 Cr 的任何污染（表 18-1）。

### 18.2.1.3　1982 年

4 月，在胶州湾西南沿岸底层水域，Cr 含量的变化范围为 0.81~0.95μg/L，符合国家一类海水水质标准（50.00μg/L）。7 月，在胶州湾西南沿岸底层水域，Cr 含量的变化范围为 1.20~2.11μg/L，符合国家一类海水水质标准（50.00μg/L）。10 月，在胶州湾西南沿岸底层水域，Cr 含量的变化范围为 0.27~0.51μg/L，符合国家一类海水水质标准（50.00μg/L）。因此，4 月、7 月和 10 月，在胶州湾西南沿岸底层水域，在胶州湾水体中的底层 Cr 含量范围为 0.27~2.11μg/L，符合国家一类海水水质标准。这表明 4 月、7 月和 10 月，在 Cr 含量方面，在胶州湾西南沿岸底层水域，Cr 含量比较低，水质清洁，完全没有受到 Cr 的任何污染（表 18-1）。

### 18.2.1.4　1983 年

5 月，在胶州湾的湾口底层水域，Cr 含量的变化范围为 0.06～1.08μg/L，符合国家一类海水水质标准（50.00μg/L）。9 月，在胶州湾的湾口底层水域，Cr 含量的变化范围为 0.46～1.17μg/L，符合国家一类海水水质标准（50.00μg/L）。10 月，在胶州湾的湾口底层水域，Cr 含量的变化范围为 0.63～1.58μg/L，符合国家一类海水水质标准（50.00μg/L）。因此，5 月、9 月和 10 月，在胶州湾的湾口底层水域，Cr 含量的变化范围为 0.06～1.58μg/L，都没有超过国家一类海水水质标准。这表明 5 月、9 月和 10 月胶州湾底层水质，在整个水域符合国家一类海水水质标准（50.00μg/L），在 Cr 含量方面，在胶州湾的湾口底层水域，Cr 含量比较低，水质清洁，完全没有受到 Cr 的任何污染（表 18-1）。

## 18.2.2　底　层　分　布

### 18.2.2.1　1979 年

8 月，在胶州湾的湾口底层水域，从湾口外侧到湾口，再到湾口内侧，在胶州湾的湾口水域的这些站位：H34、H35、H36，Cr 含量有底层的调查。那么 Cr 含量在底层的水平分布如下。

8 月，在胶州湾的湾口底层水域，从湾口外侧到湾口内侧。在胶州湾湾外的东部近岸水域 H34 站位，Cr 的含量达到较高（0.40μg/L），以湾外的东部近岸水域为中心形成了 Cr 的高含量区，形成了一系列不同梯度的平行线。Cr 含量从湾口外侧的高含量（0.40μg/L）区向西部到湾口内侧水域沿梯度递减为 0.10μg/L（图 18-2）。

### 18.2.2.2　1981 年

4 月，在胶州湾的湾中心底层水域，站位为 A7、A8、B5、D5，这 4 个站位构成了胶州湾的中心底层水域。在胶州湾的湾内东部近岸底层水域 D5 站位，Cr 的含量达到较高，为 3.78μg/L，以湾内的东部近岸底层水域为中心形成了 Cr 的高含量区，形成了一系列不同梯度的平行线。Cr 底层含量从湾东部近岸水域到湾中心，一直到湾西部近岸水域是逐渐递减，从 3.78μg/L 减少到 0.50μg/L（图 18-3）。

8 月，在胶州湾的湾口底层水域，站位为 A1、A2、A3、A5、A6、A8、B5。其中 A1、A2 构成湾口外侧底层水域，A3、A5 构成湾口底层水域，A6、A8、B5 构成湾口内侧底层水域，这 7 个站位构成了胶州湾的湾口底层水域，即从湾口外

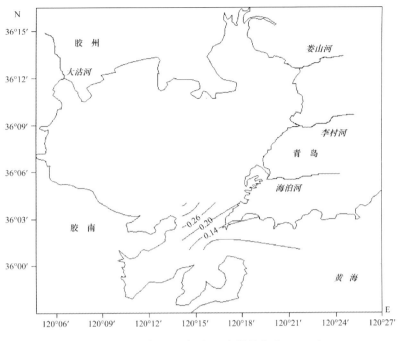

图 18-2　1979 年 8 月底层 Cr 含量的分布（μg/L）

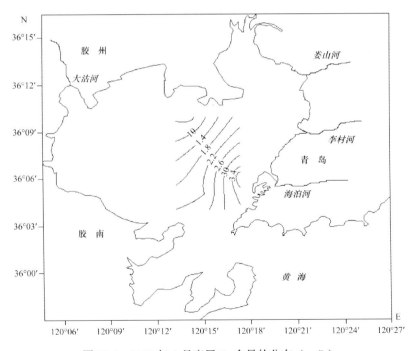

图 18-3　1981 年 4 月底层 Cr 含量的分布（μg/L）

侧到湾口，再到湾口内侧。在这胶州湾的湾口底层水域 A6 站位，Cr 的含量达到较高（1.42μg/L），以海泊河入海口的南侧近岸底层水域为中心形成了 Cr 的高含量区，形成了一系列不同梯度的平行线。Cr 底层含量从海泊河入海口的南侧近岸底层水域到湾口西部水域是逐渐递减的，从 1.42μg/L 减少到 0.14μg/L。

### 18.2.2.3　1982 年

4 月、7 月和 10 月，在胶州湾西南沿岸底层水域，从西南的近岸到东北的湾中心，在胶州湾西南沿岸水域的这些站位：083、084、122 和 123，Cr 含量有底层的调查。那么，从站位 122 到站位 084，Cr 含量在底层的水平分布如下。

4 月、7 月和 10 月，胶州湾西南沿岸底层水域 Cr 含量范围为 0.27～2.11μg/L。在胶州湾的西南沿岸水域，从西南的近岸到东北的湾中心，Cr 含量形成了一系列梯度。4 月，从西南的近岸到东北的湾中心，沿梯度从 0.95μg/L 减少到 0.81μg/L。7 月，从西南的近岸到东北的湾中心，沿梯度从 1.20μg/L 增加到 2.11μg/L。10 月，从西南的近岸到东北的湾中心，沿梯度从 0.31μg/L 增加到 0.51μg/L（图 18-4）。

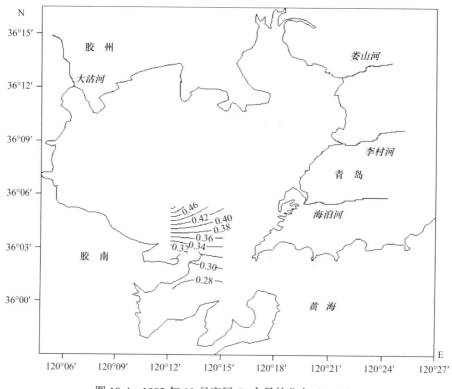

图 18-4　1982 年 10 月底层 Cr 含量的分布（μg/L）

因此, 4 月、7 月和 10 月, 从西南的近岸到东北的湾中心, 无论沿梯度递减或者递增, Cr 含量都形成了一系列不同梯度的平行线。

### 18.2.2.4 1983 年

5 月, 在胶州湾的湾口水域, 水体中底层 Cr 的水平分布状况是其含量大小由东部的湾内向南部的湾外方向递减。在胶州湾东部的底层近岸水域 H37 站位, Cr 的含量达到较高, 为 1.08μg/L, 以东部近岸水域为中心形成了 Cr 的高含量区, 形成了一系列不同梯度的平行线。Cr 含量从中心的高含量 1.08μg/L 沿梯度递减到湾口水域的 0.11μg/L。在胶州湾的湾口水域 H35 站位, Cr 含量相对较高, 为 0.99μg/L, 以站位 H35 为中心形成了 Cr 的较高含量区, 形成了一系列不同梯度的半个同心圆。Cr 从中心的较高含量 (0.99μg/L) 向湾内的西部水域沿梯度递减到 0.06μg/L, 同时, 向湾外的东部水域沿梯度递减到 0.11μg/L。

9 月, 在胶州湾湾外的东部近岸水域 H34 站位, Cr 的含量达到较高, 为 1.17μg/L, 以东部近岸水域为中心形成了 Cr 的高含量区, 形成了一系列不同梯度的平行线。Cr 含量从中心的高含量 (1.17μg/L) 沿梯度向南部水域递减到 0.46μg/L。在胶州湾的湾口水域 H35 站位, Cr 含量相对较高, 为 1.12μg/L, 以站位 H35 为中心形成了 Cr 的较高含量区, 形成了一系列不同梯度的半个同心圆。Cr 含量从中心的较高含量 (1.12μg/L) 向湾内的西部水域沿梯度递减到 0.90μg/L, 同时, 向湾外的东部水域沿梯度递减到 0.46μg/L。

10 月, 在胶州湾的湾口水域 H35 站位, Cr 含量相对较高, 为 1.58μg/L, 以站位 H35 为中心形成了 Cr 的高含量区, 形成了一系列不同梯度的半个同心圆。Cr 含量从中心的高含量 (1.58μg/L) 向湾内的北部水域沿梯度递减到 0.69μg/L, 同时, 向湾外的东部水域沿梯度递减到 0.63μg/L (图 18-5)。

因此, 5 月, 在胶州湾的湾口底层水域, 水体中底层 Cr 含量由湾内的东部向湾内的南部方向递减。9 月, 在胶州湾湾外的东部底层近岸水域, Cr 含量从北部水域沿梯度向南部水域递减。5 月、9 月和 10 月, 在胶州湾的湾口底层水域, Cr 含量从湾口水域高含量向湾内的北部水域沿梯度递减, 同时, 也向湾外的东部水域沿梯度递减。

# 18.3 铬的沉降过程

## 18.3.1 月 份 变 化

4~11 月 (缺少 6 月、7 月), 在胶州湾水体中的底层 Cr 含量变化范围为 0.03~

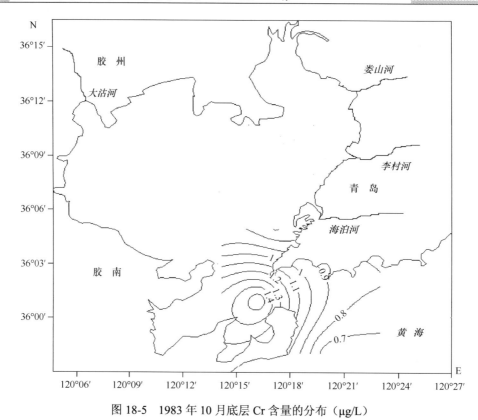

图 18-5　1983 年 10 月底层 Cr 含量的分布（μg/L）

3.78μg/L，符合国家一类海水水质标准。这表明在 Cr 含量方面，4～11 月（缺少6 月、7 月），在胶州湾的底层水域，水质清洁，完全没有受到 Cr 的任何污染。

在胶州湾的底层水域，4～11 月（缺少 6 月、7 月），每个月 Cr 含量高值变化范围为 0.40～3.78μg/L，每个月 Cr 含量低值变化范围为 0.03～1.20μg/L（图18-6）。那么，每个月 Cr 含量高值变化的差是 3.78-0.40=3.38μg/L，而每个月 Cr含量低值变化的差是 1.17μg/L。作者发现每个月 Cr 含量高值变化范围比较大，而每个月 Cr 含量低值变化范围比较小，这说明 Cr 含量经过了垂直水体的效应作用[10]，呈现了在胶州湾的底层水域 Cr 含量的低值变化范围比较稳定，变化比较小。

在胶州湾的底层水域，4～11 月（缺少 6 月、7 月），每个月 Cr 含量高值都大于 0.50μg/L，其中有 4 月、5 月、8 月、9 月和 10 月，其高值大于 1.00μg/L。而且每个月 Cr 含量高值都小于 5.00μg/L，都符合国家一类海水水质标准（50.00μg/L）。这揭示了每个月水质都没有受到 Cr 含量的污染，每个月 Cr 含量高值都小于国家一类海水水质标准的十分之一。因此，在底层水域，在 Cr 含量方面，水质清洁。

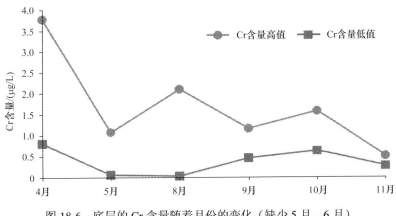

图 18-6  底层的 Cr 含量随着月份的变化（缺少 5 月、6 月）

在胶州湾的底层水域，4 月，Cr 含量比较高，1981～1982 年，随着时间变化，Cr 含量在大幅度减少。8 月，Cr 含量比较低，1979～1982 年，随着时间变化，Cr 含量在逐渐增加。因此，1979～1983 年（缺 1980 年），在胶州湾的底层水域，随着时间变化，春季，在底层水域，Cr 含量在大幅度减少。夏季，在湾口底层水域，Cr 含量在逐渐增加。

## 18.3.2  季节变化

以每年 4 月、5 月、6 月代表春季；7 月、8 月、9 月代表夏季；10 月、11 月、12 月代表秋季。1979～1983 年（缺 1980 年），Cr 含量在胶州湾水体中的含量在春季较高，为 0.06～3.78μg/L，在夏季中间为 0.03～2.11μg/L，在秋季较低，为 0.27～1.58μg/L。因此，在胶州湾的底层水域，水体中 Cr 的底层含量由低到高的季节变化为秋季、夏季、春季。这展示了在胶州湾的底层水域，Cr 含量随着一年的季节变化在逐渐减少。

## 18.3.3  水域沉降过程

通过胶州湾海域底层水体中 Cr 含量的分布变化，展示了 Cr 含量的沉降过程：铬是一种微带天蓝色的银白色金属，电极电位为负，但它有很强的钝化性能，在大气中很快钝化，显示出具有贵金属的性质。铬层在大气中很稳定，能长期保持其光泽，较强的耐腐蚀性，在碱、硝酸、硫化物、碳酸盐以及有机酸等腐蚀介质中也非常稳定。Cr 含量随河流入海后，绝大部分经过重力沉降、生物沉降、化学作用等迅速由水相转入固相，最终转入沉积物中。从春季 5 月开始，海洋生物大量繁殖，数量迅速增加，到夏季的 8 月，形成了高峰值[8]，且由于浮游生物的繁殖活动，悬浮颗粒物表面形成胶体，此时的吸附力最强，吸附了大量的 Cr 含量，大量的 Cr 含量随着悬浮颗粒物迅速沉降到海底。这样，随着雨季（5~11 月）的到来，季节性的河流变化，Cr 含量被输入胶州湾海域中，在春季、夏季和秋季，河流输入 Cr 含量到海洋，颗粒物质和生物体将 Cr 含量从表层带到底层。

于是，Cr 含量经过了水平水体的效应作用、垂直水体的效应作用及水体的效应作用[12~14]，展示了 Cr 含量在胶州湾底层水域的高含量区。Cr 含量在湾外的东部近岸底层水域为 Cr 的高含量区，Cr 含量从湾口外侧的高含量区向西部到湾口内侧水域沿梯度递减。Cr 含量在海泊河入海口的近岸底层水域为 Cr 的高含量区，Cr 底层含量从湾东部近岸水域到湾中心，一直到湾西部近岸水域逐渐递减。Cr 含量在湾中心的近岸底层水域为 Cr 的高含量区，Cr 含量从东北的湾中心到西南的近岸底层水域。Cr 含量在胶州湾的湾口底层水域为 Cr 的高含量区，Cr 含量从湾口水域高含量向湾内的北部水域沿梯度递减，同时，也向湾外的东部水域沿梯度递减。

因此，经过水体的 Cr 沉降到海底，Cr 的来源和特殊的地形地貌决定了 Cr 的高沉降区域。这个过程表明了 Cr 在迅速地沉降，并且在底层具有累积的过程。

# 18.4 结 论

1979~1983 年（缺 1980 年），4~11 月（缺少 6 月、7 月），在胶州湾水体中的底层 Cr 含量变化范围为 0.03~3.78μg/L，符合国家一类海水水质标准。这表明在 Cr 含量方面，4~11 月（缺少 6 月、7 月），在胶州湾的底层水域，水质清洁，完全没有受到 Cr 的任何污染。在胶州湾的底层水域 Cr 含量的低值变化范围比较稳定，变化比较小。

1979~1983 年（缺 1980 年），在胶州湾的底层水域，随着时间变化，春季，在底层水域，Cr 含量在大幅度减少。夏季，在底层水域，Cr 含量在逐渐增加。在胶州湾的底层水域，水体中 Cr 的底层含量由低到高的季节变化为秋季、夏季、春季。这展示了在胶州湾的底层水域，Cr 含量随着一年的季节变化在逐渐减少。

通过 Cr 含量的水域沉降过程，Cr 含量在胶州湾的底层水域展示了 Cr 的高含量区：①在湾外的东部近岸底层水域；②在海泊河入海口的近岸底层水域；③在湾中心的近岸底层水域；④在胶州湾的湾口底层水域。因此，经过水体的 Cr 含量沉降到海底，Cr 含量的来源和特殊的地形地貌决定了 Cr 含量的高沉降区域。这个过程表明了 Cr 含量在迅速地沉降，并且在底层具有累积的过程。

沉降过程揭示了 Cr 在下降到水底的特征：①Cr 本身的化学性质十分稳定，很难溶于水；②大量的 Cr 随着悬浮颗粒物迅速沉降到海底。因此，沉降过程的特征说明了 1979～1983 年（缺 1980 年），在时间和空间尺度上，表层输入的 Cr，无论湾内到湾口及湾外的水域，都出现了 Cr 的大幅度下降。这些都证明沉降过程对 Cr 变化的作用。这样，通过 Cr 的沉降过程，就呈现了 Cr 在时空变化中的迁移路径。

## 参 考 文 献

[1] 杨东方, 苗振清. 海湾生态学(上册). 北京: 海洋出版社, 2010: 1-320.

[2] 杨东方, 高振会. 海湾生态学(下册). 北京: 海洋出版社, 2010: 1-330.

[3] 杨东方, 高振会, 孙静亚, 等. 胶州湾水域重金属铬的分布及迁移. 海岸工程, 2008, 27(4): 48-53.

[4] 杨东方, 陈豫, 王虹, 等. 胶州湾水体镉的迁移过程和本底值结构. 海岸工程, 2010, 29(4): 73-82.

[5] 杨东方, 陈豫, 常彦祥, 等. 胶州湾水体镉的分布及来源. 海岸工程, 2013, 32(3): 68-78.

[6] Yang D F, Wang H Y, He H Zh, et al. Study on the vertical distribution of Cr in Jiaozhou Bay . Applied Mechanics and Materials, 2014, 675-677: 329-331.

[7] Yang D F, Zhu S X, Wang F Y, et al. The distribution and content of Chromium in Jiaozhou Bay. Applied Mechanics and Materials , 2014, 644-650: 5325-5328.

[8] Yang D F, Zhu S X, Wang F Y, et al. Study on the source of Cr in Jiaozhou Bay . 2014 IEEE workshop on advanced research and technology industry applications. Part D, 2014: 1018-1020.

[9] Yang D F, Chen Y, Gao Z H, et al. Silicon limitation on primary production and its destiny in Jiaozhou Bay, China Ⅳ Transect offshore the coast with estuaries. Chin J Oceanol Limnol, 2005, 23(1): 72-90.

[10] 杨东方, 王凡, 高振会, 等.胶州湾浮游藻类生态现象. 海洋科学, 2004, 28(6): 71-74.

[11] 国家海洋局. 海洋监测规范. 北京: 海洋出版社, 1991.

[12] Yang D F, Wang F Y, He H Z, et al. Vertical water body effect of benzene hexachloride. Proceedings of the 2015 international symposium on computers and informatics. 2015: 2655-2660.

[13] Yang D F, Wang F Y, Zhao X L, et al. Horizontal waterbody effect of hexachlorocyclohexane. Sustainable Energy and Enviroment Protection. 2015: 191-195.

[14] Yang D F, Wang F Y, Yang X Q, et al. Water's effect of benzene hexachloride. Advances in Computer Science Research, 2015, 2352: 198-204.

# 第19章 胶州湾水域铬的迁移趋势与过程

铬（Cr）是一种微带天蓝色的银白色金属，有很强的钝化性能，在大气中很快钝化，显示出具有贵金属的性质。铬层在大气中很稳定，能长期保持其光泽，较强的耐腐蚀性，在碱、硝酸、硫化物、碳酸盐以及有机酸等腐蚀介质中也非常稳定。Cr 含量随河流入海后，绝大部分经过重力沉降、生物沉降、化学作用等迅速由水相转入固相，最终转入沉积物中[1~8]。因此，研究海洋的水体中表层、底层 Cr 含量的水平分布趋势，了解 Cr 含量在水体中的迁移过程有着非常重要的意义。本文根据 1979～1983 年（缺 1980 年）的胶州湾水域调查资料，提出 Cr 含量的水域迁移趋势过程和其模型框图，展示 Cr 含量经过的路径和留下的轨迹，并且预测表层、底层的 Cr 含量水平分布趋势，为治理 Cr 含量污染的环境提供理论依据。

## 19.1 背　　景

### 19.1.1 胶州湾自然环境

胶州湾位于山东半岛南部，其地理位置为东经 120°04′～120°23′，北纬 35°58′～36°18′，以团岛与薛家岛连线为界，与黄海相通，面积约为 446km²，平均水深约 7m，是一个典型的半封闭型海湾（图 19-1）。胶州湾入海的河流有十几条，其中径流量和含沙量较大的为大沽河和洋河，青岛市区的海泊河、李村河和娄山河等河流，这些河流均属季节性河流，河水水文特征有明显的季节性变化[9, 10]。

### 19.1.2 数据来源与方法

本研究所使用的调查数据由国家海洋局北海监测中心提供。胶州湾水体 Cr 的调查[3~8]按照国家标准方法进行，该方法被收录在国家的《海洋监测规范》中（1991 年）[11]。

在 1979 年 8 月，1981 年 4 月和 8 月，1982 年 4 月、7 月和 10 月，1983 年 5 月、9 月和 10 月，进行胶州湾水体 Cr 含量的调查[3~8]。以每年 4 月、5 月、6 月代表春季；7 月、8 月、9 月代表夏季；10 月、11 月、12 月代表秋季。

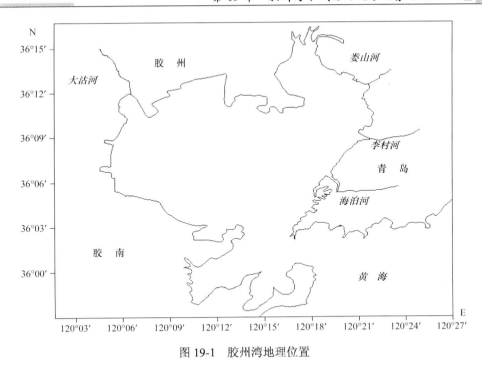

图 19-1　胶州湾地理位置

## 19.2　铬的水平分布趋势

1979 年、1981 年、1982 年、1983 年，对胶州湾水体表层、底层中的 Cr 含量进行调查，展示了表层、底层铬含量的水平分布趋势。

### 19.2.1　1979 年

在胶州湾的湾口水域，从胶州湾的湾口外侧水域 H34 站位到湾口水域 H35 站位。

8 月，在表层，Cr 含量沿梯度降低，从 1.40μg/L 降低到 1.30μg/L。在底层，Cr 含量沿梯度降低，从 0.10μg/L 降低到 0.03μg/L。这表明表层、底层的水平分布趋势是一致的（表 19-1）。

表 19-1　在胶州湾水域 Cr 含量的表层、底层水平分布趋势

| 月份 | 表层 | 底层 | 趋势 |
| --- | --- | --- | --- |
| 8 月 | 下降 | 下降 | 一致 |

8 月，胶州湾湾口水域的水体中，表层 Cr 含量的水平分布与底层的水平分布趋势是一致的。

## 19.2.2　1981 年

在胶州湾的湾口水域,从胶州湾的湾口内侧水域 A6 站位到湾口水域 A5 站位,再到湾口外侧水域 A2 站位。8 月,在胶州湾水域,Cr 含量来源自海泊河的河流输送。这样,通过河流输送的 Cr 含量,从表层穿过水体,来到底层。

8 月,在表层,Cr 含量沿梯度上升,从 0.28μg/L 上升到 0.42μg/L,再上升到 0.48μg/L。在底层,Cr 含量沿梯度降低,从 1.42μg/L 降低到 0.33μg/L,再下降到 0.30μg/L。这表明表层、底层的水平分布趋势是相反的(表 19-2)。

表 19-2　在胶州湾水域 Cr 含量的表层、底层水平分布趋势

| 月份 | 表层 | 底层 | 趋势 |
|---|---|---|---|
| 8 月 | 上升 | 下降 | 相反 |

8 月,胶州湾湾口水域的水体中,表层 Cr 的水平分布与底层的水平分布趋势是相反的。

## 19.2.3　1982 年

在胶州湾的西南沿岸水域,从西南的近岸 122 站位到东北的湾中心 084 站位。

4 月,在表层,Cr 含量沿梯度降低,从 0.83μg/L 降低到 0.81μg/L。在底层,Cr 含量沿梯度从 0.95μg/L 降低到 0.81μg/L。这表明表层、底层的水平分布趋势是一致的。

7 月,在表层,Cr 含量沿梯度降低,从 1.37μg/L 降低到 1.02μg/L。在底层,Cr 含量沿梯度升高,从 1.20μg/L 升高到 2.11μg/L。这表明表层、底层的水平分布趋势也是相反的。

10 月,在表层,Cr 含量沿梯度从 0.24μg/L 升高到 0.51μg/L。在底层,Cr 含量沿梯度升高,从 0.31μg/L 升高到 0.51μg/L。这表明表层、底层的水平分布趋势也是一致的。

总之,4 月和 10 月,胶州湾西南沿岸水域的水体中,表层 Cr 的水平分布与底层分布趋势是一致的。7 月,胶州湾西南沿岸水域的水体中,表层 Cr 的水平分布与底层分布趋势是相反的(表 19-3)。

表 19-3　在胶州湾水域 Cr 含量的表层、底层水平分布趋势

| 月份 | 表层 | 底层 | 趋势 |
|---|---|---|---|
| 4 月 | 下降 | 下降 | 一致 |
| 7 月 | 下降 | 上升 | 相反 |
| 10 月 | 上升 | 上升 | 一致 |

### 19.2.4　1983 年

在胶州湾的湾口水域，从胶州湾东部的接近湾口近岸水域 H37 站位到湾口水域 H35 站位。

5 月，在表层，Cr 含量沿梯度降低，从 0.24μg/L 降低到 0.13μg/L。在底层，Cr 含量沿梯度降低，从 1.08μg/L 降低到 0.99μg/L。这表明表层、底层的水平分布趋势是一致的。

9 月，在表层，Cr 含量沿梯度降低，从 1.17μg/L 降低到 0.70μg/L。在底层，Cr 含量沿梯度降低，从 1.16μg/L 降低到 1.12μg/L。这表明表层、底层的水平分布趋势是一致的。

10 月，在表层，Cr 含量沿梯度上升，从 1.31μg/L 上升到 1.44μg/L。在底层，Cr 含量沿梯度上升，从 0.69μg/L 上升到 1.58μg/L。这表明表层、底层的水平分布趋势是一致的。

5 月、9 月和 10 月，胶州湾湾口水域的水体中，表层 Cr 的水平分布与底层的水平分布趋势是一致的（表 19-4）。

表 19-4　在胶州湾水域 Cr 含量的表层、底层水平分布趋势

| 月份 | 表层 | 底层 | 趋势 |
|---|---|---|---|
| 5 月 | 下降 | 下降 | 一致 |
| 9 月 | 下降 | 下降 | 一致 |
| 10 月 | 上升 | 上升 | 一致 |

## 19.3　水域迁移的趋势过程

### 19.3.1　来　源

1979～1983 年（缺 1980 年），发现 Cr 的来源主要通过河流向胶州湾输入[3~8]。在时间尺度上，在整个胶州湾水域，Cr 含量的增加是由人类活动产生的，从 Cr 含量的增加到高峰值，然后，通过 Cr 含量在水域的沉降过程，降低到低谷值。在空间尺度上，向近岸水域输入 Cr 含量的含量随着河流的入海口，从大到小的变化，也就是随着与河流的入海口的距离大小而变化[3~8]。因此，在胶州湾水域，Cr 含量通过海泊河、李村河和娄山河均从湾的东北部入海，输入到胶州湾的近岸水域。

## 19.3.2　水域迁移过程

铬是一种微带天蓝色的银白色金属，为不活泼金属，在常温下对氧和湿气都是稳定的，有很强的钝化性能。铬层在大气中很稳定，能长期保持其光泽，较强的耐腐蚀性，在碱、硝酸、硫化物、碳酸盐以及有机酸等腐蚀介质中也非常稳定。这说明铬在水里的迁移过程中，一直保持其稳定化学性质。

在胶州湾水域，Cr 随着河口来源的高低和经过距离的变化进行迁移，在水体效应的作用下[12~14]，Cr 在表层、底层的水平分布趋势发生了变化。

### 19.3.2.1　1979 年

1979 年的 8 月，在胶州湾的湾口水域，当表层 Cr 含量比较高，底层 Cr 含量比较低时，表层、底层的水平分布趋势是一致的。这表明了 Cr 含量刚刚开始进入胶州湾的水体中，表层 Cr 含量比较高，Cr 含量的沉降是迅速的，但是由于表层 Cr 才开始沉降，底层 Cr 含量还是比较低的。于是，表层、底层的 Cr 含量水平分布趋势是一致的。

### 19.3.2.2　1981 年

1981 年的 8 月，在胶州湾的湾口水域，当表层 Cr 含量比较低，底层 Cr 含量比较高时，表层、底层的水平分布趋势是相反的。这表明了 Cr 早已进入胶州湾的水体中，表层 Cr 已经进行了大量的沉降，表层的 Cr 含量就比较低。由于 Cr 不断地沉降，又经过海底的累积，于是，底层的 Cr 含量就比较高。这样，表层、底层的 Cr 含量水平分布趋势是相反的。

### 19.3.2.3　1982 年

1982 年的 4 月、7 月和 10 月，在胶州湾的西南沿岸水域，从西南的近岸到东北的湾中心，展示了 Cr 含量随着时间变化在近岸水域的迁移过程。

4 月，在表层，Cr 含量刚刚开始进入胶州湾的水体中，表层 Cr 含量才开始沉降，表层、底层的 Cr 含量都比较低。这时，表层、底层的 Cr 含量水平分布趋势是一致的。

7 月，在表层，Cr 已经进行了大量的沉降，由于 Cr 不断地沉降，又经过海底的累积，于是，底层的 Cr 含量就比较高。这样，表层、底层的 Cr 含量水平分布趋势是相反的。

10 月，在表层，Cr 含量非常低，已经没有多少沉降了。这样，在底层，Cr 含量也非常低。于是，在表层、底层的 Cr 含量都趋于同一个值。这表明表层、底层的 Cr 含量水平分布趋势也是一致的。

### 19.3.2.4　1983 年

在胶州湾的湾口水域，5 月、9 月和 10 月，在表层，Cr 含量非常低，已经没有多少沉降了。在底层，Cr 含量也非常低。这揭示了表层 Cr 已经没有了大量的沉降，在海底也没有 Cr 的大量累积。于是，在 Cr 含量不断地沉降状况下，表层、底层的 Cr 含量都趋于同一个值。这表明表层、底层的 Cr 含量水平分布趋势也是一致的。

## 19.3.3　水域迁移的趋势过程

1979~1983 年（缺 1980 年），表层 Cr 含量的水平分布与底层的水平分布趋势揭示了 Cr 含量具有迅速的沉降，并且具有海底的累积。Cr 含量的水域迁移趋势过程出现三个阶段。①Cr 含量开始沉降。当表层 Cr 含量比较高，底层 Cr 含量比较低时，Cr 含量刚刚进入胶州湾的水体中，开始沉降。表层 Cr 含量比较高，Cr 含量的沉降是迅速的，但是由于表层 Cr 含量才开始沉降，底层 Cr 含量还是比较低的。这样，展示了表层、底层的 Cr 含量水平分布趋势是一致的。②Cr 含量大量沉降。当表层 Cr 含量比较高，底层 Cr 含量比较高时，Cr 含量已经进行了大量的沉降。由于表层 Cr 含量比较高，Cr 含量又不断地沉降，加上经过海底的累积，于是，底层的 Cr 含量就比较高。这样，展示了表层、底层的 Cr 含量水平分布趋势是相反的。③Cr 含量停止沉降。当表层 Cr 含量比较低，底层 Cr 含量比较低时，Cr 含量已经没有多少沉降了。表层的 Cr 含量非常低，底层的 Cr 含量也非常低。经过海流和潮汐的输送和搅动，在表层、底层的 Cr 含量都趋于同一个值。这样，展示了表层、底层的 Cr 含量水平分布趋势也是一致的（表 19-5）。

**表 19-5　在胶州湾水域 Cr 含量的表层、底层水平分布趋势过程**

| 阶段 | 沉降 | 表层 | 底层 | 趋势 |
|------|------|------|------|------|
| 第一阶段 | Cr 开始沉降 | Cr 含量高 | Cr 含量低 | 一致 |
| 第二阶段 | Cr 大量沉降 | Cr 含量高 | Cr 含量高 | 相反 |
| 第三阶段 | Cr 停止沉降 | Cr 含量低 | Cr 含量低 | 一致 |

## 19.3.4　水域迁移趋势的模型框图

1979~1983 年（缺 1980 年），表层、底层 Cr 含量的水平分布趋势展示了 Cr

含量的水域迁移趋势过程。在这个过程中揭示了 Cr 具有迅速的沉降，并且具有海底的累积。这个过程分为三个阶段：①Cr 开始沉降；②Cr 大量沉降；③Cr 停止沉降。对此，作者提出了 Cr 的水域迁移趋势过程模型框图（图 19-2）。通过此模型框图来确定 Cr 的水域迁移趋势过程，就能分析知道 Cr 经过的路径和留下的轨迹。因此，三个模型框图展示了：表层、底层的 Cr 含量变化和分布趋势变化来决定 Cr 在表层、底层水域迁移的过程。

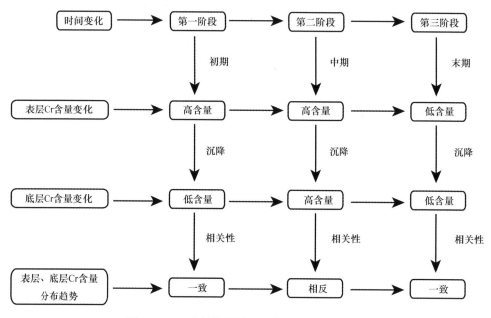

图 19-2　Cr 含量的水域迁移趋势过程模型框图

# 19.4　结　　论

1979～1983 年（缺 1980 年），表层、底层 Cr 含量的水平分布趋势展示了 Cr 含量的水域迁移趋势过程。在这个过程中揭示了 Cr 具有迅速的沉降，并且具有海底的累积。

Cr 含量的水域迁移趋势过程出现三个阶段：①Cr 开始沉降。当表层 Cr 含量比较高，底层 Cr 含量比较低时，Cr 刚刚进入胶州湾的水体中，开始沉降。表层 Cr 含量比较高，Cr 含量的沉降是迅速的，但是由于表层 Cr 含量才开始沉降，底层 Cr 含量还是比较低的。这样，展示了表层、底层的 Cr 含量水平分布趋势是一致的。②Cr 大量沉降。当表层 Cr 含量比较高，底层 Cr 含量比较高时，Cr 已经进行了大量的沉降。由于表层 Cr 含量比较高，Cr 又不断地沉降，加上经过海底的累积，于是，底层的 Cr 含量就比较高。这样，展示了表层、底层的 Cr 含量水平分布趋势是相反的。③Cr 停止沉降。当表层 Cr 含量比较低，底层 Cr 含量比较低时，Cr 已经没有多少沉降了。表层的 Cr 含量非常低，底层的 Cr 含量也非常低。经过海流和潮汐的输送和搅动，在表层、底层的 Cr 含量都趋于同一个值。这样，展示了表层、底层的 Cr 含量水平分布趋势也是一致的。

作者提出了 Cr 含量的水域迁移趋势过程，充分表明了时空变化的 Cr 含量迁移趋势。强有力的确定了在时间和空间的变化过程中，表层的 Cr 含量变化趋势、底层的 Cr 含量变化趋势及表层、底层的 Cr 含量变化趋势的相关性。并且作者提出了 Cr 含量的水域迁移趋势过程模型框图，说明了 Cr 含量经过的路径和留下的轨迹，预测了表层、底层的 Cr 含量水平分布趋势。

# 参 考 文 献

[1]　杨东方, 苗振清. 海湾生态学(上册). 北京: 海洋出版社, 2010: 1-320.

[2]　杨东方, 高振会. 海湾生态学(下册). 北京: 海洋出版社, 2010: 1-330.

[3]　杨东方, 高振会, 孙静亚, 等. 胶州湾水域重金属铬的分布及迁移. 海岸工程, 2008, 27(4): 48-53.

[4]　杨东方, 陈豫, 王虹, 等. 胶州湾水体镉的迁移过程和本底值结构. 海岸工程, 2010, 29(4): 73-82.

[5]　杨东方, 陈豫, 常彦祥, 等. 胶州湾水体镉的分布及来源. 海岸工程, 2013, 32(3): 68- 78.

[6]　Yang D F, Wang F Y, He H Z, et al. Study on the vertical distribution of Cr in Jiaozhou Bay. Applied Mechanics and Materials, 2014, 675-677: 329-331.

[7]　Yang D F, Zhu S X, Wang F Y, et al. The distribution and content of Chromium in Jiaozhou Bay. Applied Mechanics and Materials , 2014, 644-650: 5325-5328.

[8]　Yang D F, Zhu S X, Wang F Y, et al. Study on the source of Cr in Jiaozhou Bay . 2014 IEEE workshop on advanced research and technology industry applications. Part D, 2014: 1018-1020.

[9]　Yang D F, Chen Y, Gao Z H, et al. Silicon limitation on primary production and its destiny in Jiaozhou Bay, China IV Transect offshore the coast with estuaries. Chin J Oceanol Limnol, 2005, 23(1): 72-90.

[10]　杨东方, 王凡, 高振会, 等.胶州湾浮游藻类生态现象. 海洋科学, 2004, 28(6): 71-74.

[11]　国家海洋局. 海洋监测规范. 北京: 海洋出版社, 1991.

[12]　Yang D F, Wang F Y, He H Z, et al. Vertical water body effect of benzene hexachloride. Proceedings of the 2015 international symposium on computers and informatics. 2015: 2655-2660.

[13]　Yang D F, Wang F Y, Zhao X L, et al. Horizontal waterbody effect of hexachlorocyclohexane. Sustainable Energy and Enviroment Protection. 2015: 191-195.

[14]　Yang D F, Wang F Y, Yang X Q, et al. Water's effect of benzene hexachloride. Advances in Computer Science Research, 2015, 2352: 198-204.

# 第20章 胶州湾水域铬的水域垂直迁移过程

铬（Cr）具有质硬而脆、耐腐蚀等优良特性，铬的产品有铬酸钠、重铬酸钠、铬酸酐、铬粉和硫化钠等许多重要工业产品，广泛应用于冶金、化工、铸铁、耐火及高精端科技等领域。由于 Cr 长期大量的使用，造成了 Cr 含量随河流入海后，在水体效应的作用下，进入海底的沉积物中[1~9, 13~15]。因此，研究海洋的水体中表层、底层 Cr 含量的变化及其 Cr 含量的垂直分布，了解 Cr 含量在水体中的迁移过程有着非常重要的意义。根据 1979~1983 年（缺 1980 年）的胶州湾水域调查资料，作者提出了 Cr 的绝对沉降量、相对沉降量和绝对累积量、相对累积量。并且计算得到 Cr 的沉降量和累积量，同时，作者提出 Cr 含量的水域迁移过程和其模型框图，展示 Cr 含量的水域垂直迁移过程及在过程中沉降帖子，为治理 Cr 污染的环境提供理论依据。

## 20.1 背 景

### 20.1.1 胶州湾自然环境

胶州湾位于山东半岛南部，其地理位置为东经 120°04′～120°23′，北纬 35°58′～36°18′，以团岛与薛家岛连线为界，与黄海相通，面积约为 446km²，平均水深约 7m，是一个典型的半封闭型海湾（图 20-1）。胶州湾入海的河流有十几条，其中径流量和含沙量较大的为大沽河和洋河，青岛市区的海泊河、李村河和娄山河等河流，这些河流均属季节性河流，河水水文特征有明显的季节性变化[10, 11]。

### 20.1.2 数据来源与方法

本研究所使用的调查数据由国家海洋局北海监测中心提供。胶州湾水体 Cr 的调查[3~9]按照国家标准方法进行，该方法被收录在国家的《海洋监测规范》中（1991 年）[12]。

1979 年 8 月，1981 年 4 月和 8 月，1982 年 4 月、7 月和 10 月，1983 年 5 月、9 月和 10 月，进行胶州湾水体 Cr 含量的调查[3~9]。以每年 4 月、5 月、6 月代表春季；7 月、8 月、9 月代表夏季；10 月、11 月、12 月代表秋季。

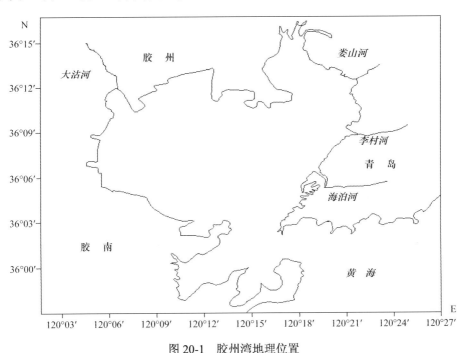

图 20-1　胶州湾地理位置

# 20.2　铬的垂直分布

1979 年、1981 年、1982 年、1983 年，对胶州湾水体表层、底层中的 Cr 含量进行调查，展示了表层、底层 Cr 含量的变化范围及其垂直变化过程。

## 20.2.1　1979 年

### 20.2.1.1　表底层变化范围

在胶州湾的湾口水域，8 月，表层含量较低（0.10～1.40μg/L）时，其对应的底层含量就较低（0.03～0.40μg/L）。而且，Cr 的表层含量变化范围（0.10～1.40μg/L）大于底层的（0.03～0.40μg/L），变化量基本一样。因此，Cr 的表层含量低的，对应的底层含量就低。

### 20.2.1.2　表底层垂直变化

8 月，在这些站位：H34、H35、H36，Cr 的表层、底层含量相减，其差为–0.30～

1.30μg/L。这表明 Cr 的表层、底层含量都相近。

8 月，Cr 的表层、底层含量差为–0.3～1.30μg/L。在湾口内西南部水域的 H36 站位为负值，在湾口水域的 H35 站位为正值。在湾外水域的 H34 站位也为正值。2 个站为正值，1 个站为负值（表 20-1）。

表 20-1　在胶州湾的湾口水域 Cr 的表层、底层含量差

| 月份 | H36 | H35 | H34 |
| --- | --- | --- | --- |
| 5 月 | 负值 | 正值 | 正值 |

## 20.2.2　1981 年

### 20.2.2.1　表底层变化范围

8 月，在胶州湾的湾口底层水域，从湾口外侧到湾口，再到湾口内侧，站位为 A1、A2、A3、A5、A6、A8。其中 A1、A2 构成湾口外侧水域，A3、A5 构成湾口水域，A6、A8 构成湾口内侧水域，这 6 个站位构成了胶州湾的湾口水域，即从湾口外侧到湾口，再到湾口内侧。在胶州湾的湾口水域，表层 Cr 含量（0.18～0.48μg/L）较低时，其对应的底层含量就较低（0.14～1.42μg/L）。而且，Cr 的表层含量变化范围（0.18～0.48μg/L）小于底层的（0.14～1.42μg/L），变化量基本一样。因此，Cr 的表层含量低的，对应的底层含量就低。

### 20.2.2.2　表底层垂直变化

8 月，在这些站位：A1、A2、A3、A5、A6、A8，Cr 的表层、底层含量相减，其差为–1.14～0.18μg/L。这表明 Cr 的表层、底层含量都相近。

8 月，Cr 的表层、底层含量差为–0.86～0.25μg/L。在湾口内东部水域的 A6 站位、在湾口南部水域的 A3 站位为负值，在湾口内西南部水域的 A8 站位、在湾口水域的 A5 站位为正值。在湾外水域的 A1、A2 站位也为正值。4 个站位为正值，2 个站位为负值（表 20-2）。

表 20-2　在胶州湾的湾口水域 Cr 的表层、底层含量差

| 月份 | A8 | A6 | A5 | A3 | A2 | A1 |
| --- | --- | --- | --- | --- | --- | --- |
| 8 月 | 正值 | 负值 | 正值 | 负值 | 正值 | 正值 |

## 20.2.3　1982 年

### 20.2.3.1　表底层变化范围

在春季，Cr 的表层含量较高（0.81～2.11μg/L）时，其对应的底层含量较高（0.81～0.95μg/L）。在夏季 Cr 的表层含量最高（1.02～2.42μg/L）时，其对应的底层含量最高（1.20～2.11μg/L）。在秋季 Cr 的表层含量较低（0.24～1.35μg/L）时，其对应的底层含量较低（0.27～0.51μg/L）。而且，在整个一年中，Cr 的表层含量变化范围（0.24～2.42μg/L）大于底层的（0.27～2.11μg/L），变化量基本一样。因此，在春季、夏季、秋季，Cr 的表层、底层含量都相近，而且，Cr 的表层含量高的，对应的底层含量就高；同样，Cr 的表层含量低的，对应的底层含量就低。

### 20.2.3.2　表层、底层垂直变化

4 月、7 月和 10 月，在胶州湾西南沿岸水域，这些站位：083、084、122 和 123，Cr 的表层、底层含量相减，其差为–1.09～0.51μg/L。这表明 Cr 的表层、底层含量都相近。

4 月，Cr 的表层、底层含量差为–0.12～0.51μg/L。在湾口水域的 083 站位为正值，在湾口内西南部近岸水域的 122 站位为负值，在湾口内西南部水域的 084 站位为零值。1 个站为正值，1 个站为负值，1 个站为零值（表 20-3）。

表 20-3　在胶州湾的湾口水域 Cr 的表层、底层含量差

| 月份 | 122 | 084 | 123 | 083 |
| --- | --- | --- | --- | --- |
| 4 月 | 负值 | 零值 | | 正值 |
| 7 月 | 正值 | 负值 | 正值 | 负值 |
| 10 月 | 负值 | 零值 | 正值 | 零值 |

7 月，Cr 的表层、底层含量差为–1.09～0.17μg/L。在湾口近岸水域的 123 站位和在湾口内西南部近岸水域的 122 站位为正值，在湾口水域的 083 站位和在湾口内西南部水域的 084 站位为都负值，2 个站位为正值，2 个站位为负值（表 20-3）。

10 月，Cr 的表层、底层含量差为–0.07～0.28μg/L。在湾口近岸水域的 123 站位为正值，在湾口内西南部近岸水域的 122 站位为负值，在湾口水域的 083 站位和在湾口内西南部水域的 084 站位都为零值，1 个站为正值，1 个站为负值，2 个站位为零值（表 20-3）。

## 20.2.4　1983 年

### 20.2.4.1　表底层变化范围

在胶州湾的湾口水域，5 月，表层含量（0.13～0.65μg/L）较低时，其对应的底层含量就较低（0.11～1.08μg/L）。9 月，表层含量达到较高值（0.70～1.17μg/L）时，其对应的底层含量就较高（0.46～1.17μg/L）。10 月，表层含量达到最高值（0.44～1.56μg/L）时，其对应的底层含量就最高（0.63～1.58μg/L）。而且，Cr 的底层含量变化范围（0.11～1.58μg/L）大于表层的（0.13～1.56μg/L），变化量基本一样。因此，Cr 的表层含量高的，对应的底层含量就高；同样，Cr 的表层含量低的，对应的底层含量就低。

### 20.2.4.2　表底层垂直变化

5 月、9 月和 10 月，在这些站位：H34、H35、H36、H37、H82，Cr 的表层、底层含量相减，其差为–0.86～0.66μg/L。这表明 Cr 的表层、底层含量都相近。

5 月，Cr 的表层、底层含量差为–0.86～0.25μg/L。在湾口内西南部水域的 H36 站位为正值，在湾口水域和湾口内的东北部水域的 H35、H37 站位为负值。在湾外水域的 H34、H82 站位也为正值。3 个站为正值，2 个站为负值（表 20-4）。

在 9 月，Cr 的表、底层含量差为–0.42～0.44μg/L。湾口的湾口内水域的 H36、H37 站位为正值，湾口外的南部水域的 H82 站位为正值。而在湾口水域和湾口外的东北部水域的 H34、H35 站位为负值。3 个站为正值，2 个站为负值（表 20-4）。

**表 20-4　在胶州湾的湾口水域 Cr 的表层、底层含量差**

| 月份 | H36 | H37 | H35 | H34 | H82 |
| --- | --- | --- | --- | --- | --- |
| 5 月 | 正值 | 负值 | 负值 | 正值 | 正值 |
| 9 月 | 正值 | 正值 | 负值 | 负值 | 正值 |
| 10 月 | 正值 | 正值 | 负值 | 负值 | 负值 |

10 月，Cr 的表层、底层含量差为–0.21～0.66μg/L。湾口的湾口内水域的 H36、H37 站位为正值。而在湾口水域的 H35 站位为负值，湾口外的东北部水域 H34 和湾口外的南部水域的 H82 站位都为负值。2 个站为正值，3 个站为负值（表 20-4）。

# 20.3　铬的水域垂直迁移过程

## 20.3.1　来　　源

1979～1983 年（缺 1980 年），发现 Cr 含量的来源主要通过河流向胶州湾输入[3~9]。在时间尺度上，在整个胶州湾水域，Cr 含量的增加是由人类活动产生的，从 Cr 含量的增加到高峰值，然后，通过 Cr 含量在水域的沉降过程，降低到低谷值。在空间尺度上，向近岸水域输入 Cr 含量的含量随着河流的入海口，从大到小的变化，也就是随着与河流的入海口的距离大小而变化[3~9]。这样，在水体效应的作用下[13~15]，Cr 含量在表层、底层发生了变化。因此，在胶州湾水域，通过海泊河、李村河和娄山河均从湾的东北部入海，Cr 含量输入到胶州湾的近岸水域，然后经过海流和潮汐的作用，表明了 Cr 含量水域垂直迁移过程。

## 20.3.2　水域的沉降量和累积量

1979～1983 年（缺 1980 年），胶州湾水体中，表层、底层 Cr 含量变化范围的差，正负值不超过 1.00μg/L（表 20-5），这表明 Cr 含量的表层、底层变化量基本一样。而且 Cr 含量的表层含量高的，其对应的底层含量就高；同样，Cr 含量的表层含量比较低时，对应的底层含量就低。这展示了 Cr 含量沉降是迅速的，而且沉降是大量的，沉降量与含量的高低相一致。例如，1983 年，表层 Cr 含量高值为 1.56μg/L，底层 Cr 含量高值为 1.58μg/L，表层、底层含量相差–0.02μg/L；表层 Cr 含量低值为 1.56μg/L，底层 Cr 含量低值为 1.58μg/L，表层、底层含量相差 0.02μg/L，这证实了无论表层 Cr 含量高值或者低值，Cr 含量沉降是迅速的，保持了表层、底层含量的一致性。同时，也证实了当表层 Cr 含量高时，其沉降量就大；当表层 Cr 含量低时，其沉降量就小，始终使表层、底层 Cr 含量具有一致性，这样，沉降量与含量的高低相一致。表层 Cr 含量的变化范围展示了 Cr 的绝对沉降量和相对沉降量。

1979～1983 年（缺 1980 年），Cr 的绝对沉降量为 0.30～2.18μg/L，Cr 的相对沉降量为 62.5%～92.8%，其中 1981～1983 年，Cr 的相对沉降量为 90.0%～92.8%，这确定了 Cr 的相对沉降量是非常稳定的。

1979～1983 年（缺 1980 年），Cr 的绝对累积量为 0.37～1.84μg/L，Cr 的相对累积量为 681.4%～1336.3%，其中在 1979 年和在 1983 年，Cr 的相对累积量分别为 1233.3%和 1336.3%，这确定了 Cr 含量的相对累积量是非常稳定的。这表明了

1979 年，Cr 的相对累积量分别为 1233.3%，过了 5 年，到 1983 年，Cr 含量的相对累积量为 1336.3%，虽然时间已经过了 5 年，可是 Cr 含量的相对累积量几乎没有变化。

表 20-5　在胶州湾水域表层、底层 Cr 含量的变化范围　　（单位：μg/L）

| 项目 | 1979 | 1981 | 1982 | 1983 |
|---|---|---|---|---|
| 表层的变化范围 | 0.10～1.40 | 0.18～0.48 | 0.24～2.42 | 0.13～1.56 |
| 底层的变化范围 | 0.03～0.40 | 0.14～1.42 | 0.27～2.11 | 0.11～1.58 |
| 表层、底层含量差 | 0.07～1.00 | 0.04～-0.94 | -0.03～0.31 | 0.02～-0.02 |
| 表层绝对变化差即绝对沉降量 | 1.30 | 0.30 | 2.18 | 1.43 |
| 表层相对变化差即相对沉降量 | 92.8% | 62.5% | 90.0% | 91.6% |
| 底层绝对变化差即绝对累积量 | 0.37 | 1.38 | 1.84 | 1.47 |
| 底层相对变化差即相对累积量 | 1233.3% | 985.7% | 681.4% | 1336.3% |

### 20.3.3　水域迁移过程

在胶州湾水域，随着时间的变化，Cr 的表层、底层含量相减，其差也发生了变化，这个差值表明了 Cr 含量在表层、底层的变化，展示了水域垂直迁移过程。

1979 年，在胶州湾的湾口水域，在湾口内西南部水域 Cr 含量表层值小于底层的，在湾口和湾外水域的 Cr 含量表层值大于底层的。这表明在湾口内西南部水域 Cr 含量的沉降比较高。这是由于在湾内河流输入胶州湾的 Cr 含量比较高，于是，在湾内的 Cr 含量的沉降比较高，而在湾外的 Cr 含量的沉降就比较低。

1981 年，在胶州湾的湾口水域，在湾口内东部水域和在湾口南部水域 Cr 含量表层值小于底层的，在湾口内西南部水域和湾口水域以及湾外水域 Cr 含量表层值大于底层的。这表明在湾口内东部水域和在湾口南部水域 Cr 含量的沉降比较高。由于湾口内东部水域距离海泊河入海口比较近，于是，在湾口内东部水域 Cr 含量的沉降比较高。湾口南部水域位于薛家岛的凹处，这就造成了在湾口南部水域 Cr 含量的沉降比较高。

1982 年，在胶州湾西南沿岸水域。

4 月，在湾口水域，Cr 含量表层值大于底层的；在湾口内西南部水域，Cr 含量表层值等于底层的；在湾口内西南部近岸水域，Cr 含量表层值小于底层的。这表明春季，在近岸水域，来自近岸的 Cr 含量比较低，而在底层的 Cr 含量累积量比较高，故 Cr 含量的底层值比较高，如在湾口内西南部近岸水域。在湾口内西南部水域，由于还没有 Cr 含量的来源打扰，Cr 含量在表层、底层都混合均匀。在湾口水域，海流的流速比较高，底层的 Cr 含量很低。

7 月，在湾口近岸水域和在湾口内西南部近岸水域，Cr 含量表层值大于底层的；在湾口水域和在湾口内西南部水域，Cr 含量表层值小于底层的。这表明夏季，在近岸水域，大量的 Cr 含量来自近岸，故 Cr 含量的表层值比较高，如在湾口近岸水域和在湾口内西南部近岸水域。而远离近岸水域，Cr 含量的沉降比较高，如在湾口水域和在湾口内西南部水域。

10 月，在湾口近岸水域，Cr 含量的表层值大于底层的；在湾口内西南部近岸水域，Cr 含量的表层值小于底层的；在湾口水域和在湾口内西南部水域，Cr 含量的表层值等于底层的。这表明秋季，在近岸水域，来自近岸的 Cr 含量比较低，而在底层的 Cr 含量累积量比较高，故 Cr 含量的底层值比较高，如在湾口内西南部近岸水域。在湾口水域和在湾口内西南部水域，由于 Cr 含量的来源已不受干扰，于是，Cr 含量在表层、底层都混合均匀。只有在湾口近岸水域，由于来自近岸的 Cr 含量还有输入，故 Cr 含量的表层值比较高。

1983 年，在胶州湾的湾口水域。

当 Cr 含量从河流输入后，首先到表层，通过 Cr 迅速地、不断地沉降到海底，呈现了 Cr 含量在表层、底层的变化。5 月，在湾口内西南部水域和湾外水域，表层的 Cr 含量大于底层的；在湾口内东北部水域和湾口水域，表层的 Cr 含量小于底层的。到了 9 月，在湾口内水域和湾口外的南部水域，表层的 Cr 含量大于底层的；在湾口外东北部水域和湾口水域，表层的 Cr 含量小于底层的。到了 10 月，在湾口内水域，表层的 Cr 含量大于底层的；在湾口外水域和湾口水域，表层的 Cr 含量小于底层的。这说明，5～9 月，与表层 Cr 含量相比，底层 Cr 的高含量区域从湾口内东北部水域和湾口水域逐渐向湾外移动。到了 9 月，底层 Cr 的高含量区域从湾口内东北部水域和湾口水域移动到湾口水域和湾口外东北部水域。到了 10 月，底层 Cr 的高含量区域已经完全移动到湾口水域和湾口外水域。这揭示了水体中 Cr 水平迁移过程和垂直沉降过程。Cr 的水平迁移过程：东北部表层水体中 Cr 含量很高，Cr 含量大小由东北向西南方向递减，一直降低到湾西南的湾口。Cr 的垂直沉降过程：Cr 离子被吸附于大量悬浮颗粒物表面，在重力和水流的作用下，Cr 不断地沉降到海底。

### 20.3.4　水域迁移模型框图

1979～1983 年（缺 1980 年），在胶州湾水体中 Cr 含量的垂直分布，由水域迁移过程所决定，Cr 的水域迁移过程出现三个阶段：从来源把 Cr 输出到胶州湾水域、把 Cr 输入到胶州湾水域的表层、Cr 从表层沉降到底层。这可用模型框图来表示（图 20-2）。Cr 的水域迁移过程通过模型框图来确定，就能分析知道 Cr 经过的路径和留下的轨迹。对此，三个模型框图展示了：Cr 含量的变化来决定在水域迁移的过程。在胶州湾水体中 Cr 含量的垂直分布，当表层 Cr 含量比较高时，Cr 的表层含量大于底层的含量。当表层 Cr 含量比较低时，Cr 的底层含量大于表层的含量。在胶州湾水域，Cr 含量随着河口来源的高低和经过距离的变化进行迁移。表层、底层的 Cr 含量变化揭示了 Cr 含量的水域迁移过程：Cr 含量的表底层的变化是由河口来源的 Cr 含量高低和经过迁移距离的远近所决定的，如六六六、汞的迁移机制所展示的一样[16, 17]。

图 20-2　Cr 含量的水域迁移过程模型框图

### 20.3.5　水域垂直迁移的特征

1979～1983 年（缺 1980 年），表层、底层的 Cr 含量变化揭示了 Cr 含量的表层、底层含量具有一致性以及 Cr 含量具有高沉降，其沉降量的多少与含量的高低相一致。表层、底层 Cr 含量的变化范围展示了 Cr 含量经过了不断地沉降，在海底具有累积作用。Cr 含量的表层、底层垂直变化展示了 Cr 含量的表层、底层含量都相近，而且 Cr 含量具有迅速的沉降，并且具有海底的累积。说明经过了不断地沉降后，Cr 在海底的累积作用是很重要的，导致了 Cr 含量在底层的增加是非常高的。这些都是 Cr 含量水域迁移过程的特征。

# 20.4　结　　论

1979～1983 年（缺 1980 年），在胶州湾水域，海泊河、李村河和娄山河均从湾的东北部入海，Cr 输入到胶州湾的近岸水域，然后经过海流和潮汐的作用，表明了 Cr 水域垂直迁移过程。

1979～1983 年（缺 1980 年），胶州湾水体中，表层、底层 Cr 含量的变化范围的差，正负值不超过 1.00μg/L，这表明 Cr 含量的表层、底层变化量基本一样。而且 Cr 含量的表层含量高的，其对应的底层含量就高；同样，Cr 含量的表层含量比较低时，对应的底层含量就低。这展示了 Cr 含量沉降是迅速的，而且沉降是大量的，沉降量与含量的高低相一致。

1979～1983 年（缺 1980 年），Cr 的绝对沉降量为 0.30～2.18μg/L，Cr 的相对沉降量为 62.5%～92.8%，其中 1981～1983 年，Cr 的相对沉降量为 90.0%～92.8%，这确定了 Cr 含量的相对沉降量是非常稳定的。

1979～1983 年（缺 1980 年），Cr 的绝对累积量为 0.37～1.84μg/L，Cr 的相对累积量为 681.4%～1336.3%，其中 1979 年和 1983 年，Cr 的相对累积量分别为 1233.3% 和 1336.3%，这确定了 Cr 的相对累积量是非常稳定的。这表明了 1979 年，Cr 的相对累积量分别为 1233.3%，过了 5 年，到 1983 年，Cr 的相对累积量为 1336.3%，虽然时间已经过了 5 年，可是 Cr 的相对累积量几乎没有变化。

1979～1983 年（缺 1980 年），在胶州湾水体中 Cr 含量的垂直分布，由水域迁移过程所决定，Cr 的水域迁移过程出现三个阶段：从来源把 Cr 输出到胶州湾水域、把 Cr 输入到胶州湾水域的表层、Cr 从表层沉降到底层。在胶州湾水域，Cr 随着河口来源的高低和经过距离的变化进行迁移。表层、底层的 Cr 含量变化揭示了 Cr 的垂直迁移过程：Cr 含量的表底层的变化由河口来源的 Cr 含量高低和经过迁移距离的远近所决定，如六六六、汞的迁移机制所展示的一样。因此，Cr 含量的表层、底层变化量以及 Cr 含量的表层、底层垂直变化都充分展示了：Cr 具有迅速的沉降，而且沉降量的多少与含量的高低相一致。Cr 经过了不断地沉降，在海底具有累积作用。这些特征揭示了 Cr 的水域迁移过程。

## 参 考 文 献

[1]　杨东方, 苗振清. 海湾生态学(上册). 北京: 海洋出版社, 2010: 1-320.

[2]　杨东方, 高振会. 海湾生态学(下册). 北京: 海洋出版社, 2010: 1-330.

[3]　杨东方, 高振会, 孙静亚, 等. 胶州湾水域重金属铬的分布及迁移. 海岸工程, 2008, 27(4): 48-53.

[4]　Yang D F, Wang F Y, He H Z, et al. Study on the vertical distribution of Cr in Jiaozhou Bay. Applied Mechanics and Materials, 2014, 675-677: 329-331.

[5]　Yang D F, Zhu S X, Wang F Y, et al. The distribution and content of Chromium in Jiaozhou Bay. Applied Mechanics and Materials , 2014, 644-650: 5325-5328.

[6]　Yang D F, Zhu S X, Wang F Y, et al. Study on the source of Cr in Jiaozhou Bay. 2014 IEEE workshop on advanced research and technology industry applications. Part D, 2014: 1018-1020.

[7]　Yang D F, Zhu S X, Sun Z H, et al. Aggregation process of Cr in bottom waters in Jiaozhou Bay. Advances in Engineering research, 2015: 1375-1378.

[8]　Yang D F, Zhu S X, Yang X Q, et al. The stable and continuous source of Cr in Jiaozhou Bay. Advances in Engineering Research, 2015: 1383-1385.

[9]　Yang D F, Wang F Y, Sun Z H, et al. Vertical distribution and settling pool of Chromium in the bay mouth of Jiaozhou Bay . Materials Engineering and Information Technology Application, 2015: 562-564.

[10]　Yang D F, Chen Y, Gao Z H, et al. Silicon limitation on primary production and its destiny in Jiaozhou Bay, China

Ⅳ Transect offshore the coast with estuaries. Chin J Oceanol Limnol, 2005, 23(1): 72-90.

[11] 杨东方, 王凡, 高振会, 等. 胶州湾浮游藻类生态现象. 海洋科学, 2004, 28(6): 71-74.

[12] 国家海洋局. 海洋监测规范. 北京: 海洋出版社, 1991.

[13] Yang D F, Wang F Y, He H Z, et al. Vertical water body effect of benzene hexachloride. Proceedings of the 2015 international symposium on computers and informatics. 2015: 2655-2660.

[14] Yang D F, Wang F Y, Zhao X L, et al. Horizontal water body effect of hexachlorocyclohexane. Sustainable Energy and Enviroment Protection. 2015: 191-195.

[15] Yang D F, Wang F Y, Yang X Q, et al. Water's effect of benzene hexachloride. Advances in Computer Science Research, 2015, 2352: 198-204.

[16] 杨东方, 苗振清, 徐焕志, 等. 有机农药六六六对胶州湾海域水质的影响——水域迁移过程.海洋开发与管理, 2013, 30(1): 46-50.

[17] Yang D F, Wang F Y, Zhu S X, et al. Aquatic transfer Mechanism of Hg in Jiaozhou Bay. Applied Mechanics and Materials, 2014, 651-653: 1415-1418.

# 第21章 胶州湾水域铬迁移的规律和过程及形成的理论

随着世界各个国家的发展，尤其是发达国家，都经过了工农业的迅猛发展，城市化的不断扩展。在这个过程中，造成了铬（Cr）含量在工业废水和生活污水中存在，也在人类经常使用的产品中存在。由于 Cr 含量及其化合物属于剧毒物质，给人类带来了许多疾病，引起人类和动物的疾病折磨，导致了大量死亡。

铬的存在价态有三种：零价、三价和六价。对身体有害的是六价铬，极易溶于水，危害很大。摄入易损害肝脏，造成慢性中毒，影响生长发育，严重的还会导致肾衰竭甚至癌变。而且零价和三价的铬在高温、碱性，即氧化条件下能够转化为六价铬，这样，铬被溶出渗入环境中。铬的产品中铬酸酐主要做电镀用，铬酸酐的主要铬成分是六价铬。

锅具是家庭常用厨具之一，经常与食物在高温条件下长时间接触。如果锅含有电镀的铬，就是含有六价铬。如果锅含有零价和三价的铬，在高温、碱性，即氧化条件下能够转化为六价铬。如果锅含量大量的铬，在长期高温使用下，就会溶出有害成分六价铬，容易渗入食物和汤中，造成长期慢性中毒。

据 2016 年 09 月 20 日《京华时报》的报道，新华社电广州南沙出入境检验检疫局昨天通报，该局日前从韩国进口的炒锅、煎锅和汤锅等食品接触产品中检出重金属铬和蒸发残渣超标。依据《中华人民共和国商品检验法实施条例》的有关规定，检验检疫部门对该批不合格货物实施退运处理[1]。该批原产地为韩国的食品接触产品共 8900 件，有 8 种型号。经检测，抽取样品中有 6 种型号产品不合格，样品不合格率为 75%，不合格内容为重金属铬和蒸发残渣超出限量值，其中 30cm 炒锅铬含量为 0.101mg/L，超出限量值[≤0.01mg/L（4%乙酸，煮沸 0.5h，室温 24h）]10 倍；24cm 深汤锅蒸发残渣含量为 18.3mg/L，超出限量值[≤6mg/L（4%乙酸，煮沸 0.5h，室温 24h）]3 倍[1]。

Cr 在我们日常生活中是不可缺失的重要元素，由于长期的大量使用，又因为 Cr 化学性质稳定，不易分解，长期残留于环境中，这对环境和人类健康产生持久性的毒害作用[2~10]。因此，研究水体中 Cr 的迁移规律，对 Cr 在水体中的迁移过程研究有着非常重要的意义。

本文根据 1979~1983 年（缺 1980 年）胶州湾水域的调查资料，在空间上，研究 Cr 每年在胶州湾水域的存在状况[4~10]；在时间上，研究在 4 年期间 Cr 含量在胶州湾水域的变化过程[4~10]。因此，通过 Cr 含量对胶州湾海域水质的影响的研究，展示了 Cr 含量在胶州湾海域的迁移规律、过程和理论，为治理 Cr 含量污染的环境提供理论依据。

# 21.1 背 景

## 21.1.1 胶州湾自然环境

胶州湾位于山东半岛南部，其地理位置为东经 120°04′~120°23′，北纬 35°58′~36°18′，以团岛与薛家岛连线为界，与黄海相通，面积约为 446km²，平均水深约 7m，是一个典型的半封闭型海湾（图 21-1）。胶州湾入海的河流有十几条，其中径流量和含沙量较大的为大沽河和洋河，青岛市区的海泊河、李村河和娄山河等河流，这些河流均属季节性河流，河水水文特征有明显的季节性变化[11, 12]。

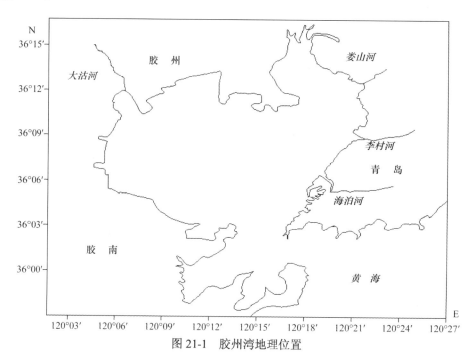

图 21-1 胶州湾地理位置

### 21.1.2　数据来源与方法

本研究所使用的调查数据由国家海洋局北海监测中心提供。胶州湾水体 Cr 的调查[4~10]按照国家标准方法进行，该方法被收录在国家的《海洋监测规范》中（1991 年）[13]。

1979 年 5 月和 8 月，1981 年 4 月和 8 月，1982 年 4 月、6 月、7 月和 10 月，1983 年 5 月、9 月和 10 月，进行胶州湾水体 Cr 的调查[3~9]。以每年 4 月、5 月、6 月代表春季；7 月、8 月、9 月代表夏季；10 月、11 月、12 月代表秋季。

# 21.2　铬的研究结果

## 21.2.1　1979 年研究结果

根据 1979 年 5 月和 8 月胶州湾水域调查资料，研究了胶州湾水域 Cr 的含量大小、表层水平分布。结果表明：Cr 在胶州湾水体中的含量范围为 0.10～112.30μg/L，都符合国家一类海水水质标准（50.00μg/L）、二类海水水质标准（100.00μg/L）和三类海水水质标准（200.00μg/L）。在胶州湾水域，水质受到 Cr 的中度污染。4 月，胶州湾东北部沿岸水域 Cr 含量比较高，而南部沿岸水域 Cr 含量比较低。8 月，胶州湾的湾内和湾外水域 Cr 含量都比较低。胶州湾水域 Cr 有一个来源，主要来自河流的输送。来自河流输送的 Cr 含量为 112.30μg/L。这揭示了河流输送的 Cr 含量非常高，河流受到 Cr 的中度污染。

根据 1979 年 5 月和 8 月胶州湾水域调查资料，研究了胶州湾水域 Cr 含量的表层水平分布。结果表明：在空间尺度上，8 月，Cr 在水体中的分布是均匀的。在时间尺度上，5～8 月，由 5 月的 Cr 含量不均匀分布转变为 8 月的 Cr 含量均匀分布。这展示了随着时间的变化，水体中 Cr 含量由不均匀到均匀的变化过程。当有 Cr 的输入时，在水体中就出现了 Cr 含量的分布是不均匀的。当没有 Cr 含量的输入时，在水体中就出现了 Cr 含量的分布是均匀的。随着时间的变化，水体中 Cr 含量经历了由不均匀到均匀的变化过程。这揭示了在海洋中的潮汐、海流的作用下，使海洋具有均匀性的特征。因此，作者提出了《物质在水体中的均匀性变化过程》。作者认为，海洋使一切物质都在水体中具有均匀性，并且使一切物质在水体中向均匀性的趋势进行扩散运动。

作者提出了物质含量的环境动态值的定义及结构模型，并且确定了该模型的各个变量：物质含量的基础本底值、物质含量的环境本底值、物质含量的输入值以及物质含量的环境动态值。于是，就可以确定物质含量在水域中的变化过程、变化区域及结构变量，为制定物质含量在水域中的标准以及划分物质含量在水域中的变化程度都提供了科学依据。根据 1979 年 5 月和 8 月胶州湾水域调查资料，在胶州湾水域，通过 Cr 含量的基础本底值、Cr 含量的环境本底值及 Cr 含量的输入值，构成了 Cr 含量在胶州湾水域的环境动态值。这样，就确定了胶州湾水域 Cr 含量变化过程及变化趋势。因此，根据作者提出的物质含量的环境动态值的定义及结构模型，就可以制定 Cr 含量在水域中的标准以及划分物质含量在水域中的变化程度。

根据 1979 年胶州湾水域的调查资料，研究重金属 Cr 在胶州湾的湾口底层水域的含量现状和水平分布。结果表明：8 月，在胶州湾的湾口底层水域，Cr 含量的变化范围为 $0.03 \sim 0.40 \mu g/L$，符合国家一类海水水质标准（$50.00 \mu g/L$）。而且 Cr 含量远远小于 $1.00 \mu g/L$。这表明没有受到人为的 Cr 污染。因此，Cr 经过了垂直水体的效应作用，在 Cr 含量方面，在胶州湾的湾口底层水域，水质清洁，没有受到任何 Cr 的污染。8 月，在胶州湾的湾口底层水域，出现了 Cr 的较低含量区（$0.03 \mu g/L$）。在此水域，水流的速度很快，Cr 的较低含量区的出现表明了水体运动具有将 Cr 含量发散的过程。在胶州湾的湾口内侧水域，Cr 含量在胶州湾的湾口底层水域有少量的累积作用，Cr 含量 $\leq 0.40 \mu g/L$。在胶州湾的湾口外侧水域，Cr 含量在胶州湾的湾口底层水域有少量的稀释作用，Cr 含量 $\leq 0.10 \mu g/L$。

根据 1979 年的胶州湾水域调查资料，研究在胶州湾的湾口表层、底层水域，表层、底层 Cr 含量的水平分布趋势、变化范围以及垂直变化。结果表明：在胶州湾的湾口水域，8 月，在空间尺度上、在变化尺度上、在垂直尺度上，Cr 含量在水体中都保持了一致。在胶州湾的湾口水域，8 月，揭示了以下规律：Cr 含量在表层、底层沿梯度的变化趋势是一致的；Cr 含量在表层、底层的变化量范围基本一样，Cr 含量在表层、底层的变化保持了一致性；Cr 含量在表层、底层保持了相近，在表层、底层 Cr 含量具有一致性。在区域尺度上，在胶州湾的湾口水域，Cr 含量的垂直分布确定了湾口内底层水域是 Cr 的高沉降区域。

通过 1979 年 5 月胶州湾水域 Cr 含量的水平变化，作者提出了物质含量的水平损失速度模型，以及物质含量的水平绝对损失速度和物质含量的水平相对损失速度的定义和计算。该模型揭示了物质含量在水平面上的迁移过程中，单位距离的损失量。物质含量的水平绝对损失速度表明单位距离的绝对损失量，物质含量的水平相对损失速度表明单位距离的相对损失量。由此，作者提出的物质水平损失量的规律：对于同一种物质和同一种水体，这个单位距离的相对损失量是稳定的、恒定的，那么物质含量的水平相对损失速度对于同一物质和水体是相同的、相近的。根据物质含量的模型，计算结果表明，5 月，在胶州湾东部，水体中表层 Cr 从北部的近岸向中部方向，每移动 1km，其含量下降 $13.92 \mu g/L$；Cr 从中部的近岸向南部的湾口方向，每移动 1km，其含量下降 2.80μg/L。水体中表层 Cr 的含量从北部的近岸向南部的湾口方向，Cr 含量的水平相对损失速度值为杨东方数 12.40～14.77。这也证实了作者提出的物质水平损失量的规律。

## 21.2.2　1981 年研究结果

根据 1981 年 4 月和 8 月胶州湾水域调查资料，研究了胶州湾水域 Cr 的含量大小、表层水平分布。结果表明：Cr 在胶州湾水体中的含量范围为 0.18～32.32μg/L，都符合国家一类海水水质标准（50.00μg/L）。在胶州湾水域，水质没有受到任何 Cr 的污染。4 月，胶州湾东北部沿岸水域 Cr 含量比较高，而南部沿岸水域 Cr 含量比较低。8 月，胶州湾的湾内和湾外水域 Cr 含量都比较低。胶州湾水域 Cr 有一个来源，主要来自河流的输送。来自河流输送的 Cr 含量为 1.85～32.32μg/L。这揭示了河流输送的 Cr 含量比较低，河流都没有受到 Cr 含量的任何污染，从河流到一切海洋近岸水域以及海湾水域都非常清洁。

根据 1981 年的胶州湾水域调查资料，研究重金属 Cr 在胶州湾的湾口底层水域的含量现状和水平分布。结果表明：4 月，在胶州湾的湾中心底层水域，Cr 含量的变化范围为 0.50～3.78μg/L。8 月，在胶州湾的湾口底层水域，Cr 含量的变化范围为 0.14～1.42μg/L。这表明在不同的时间和不同的空间，Cr 含量符合国家一类海水水质标准（50.00μg/L），而且 Cr 含量远远小于 5.00μg/L。因此，Cr 含量在经过了垂直水体的效应作用下，在 Cr 含量方面，在胶州湾的底层水域，水质清洁，没有受到任何 Cr 含量的污染。在 4 月的胶州湾的湾中心底层水域和在 8 月的胶州湾的湾口底层水域，都展示了在时空变化过程中，河流输送的 Cr，都是从表层穿过水体，来到底层。这是在重力和水流的作用下，Cr 不断地、迅速地沉降到海底。对此证实了 Cr 的沉降过程。

根据 1981 年的胶州湾水域调查资料，研究在胶州湾的湾口表层、底层水域，表层、底层 Cr 含量的变化范围、水平分布趋势以及垂直变化。结果表明：在胶州湾的湾口水域，8 月，在变化尺度上，Cr 含量在表层、底层的变化量范围基本一样，Cr 含量在表层、底层的变化保持了一致性；在空间尺度上，Cr 含量在表层、底层沿梯度的变化趋势是相反的；在垂直尺度上，Cr 含量在表层、底层保持了相近，在表层、底层 Cr 含量具有一致性。在区域尺度上，8 月，除了站位 A3、A6 的水域，在湾口内水域、湾口水域和湾外水域，表层的 Cr 含量大于底层的；在湾口内站位 A6 水域和湾口站位 A3 水域，表层的 Cr 含量小于底层的。这表明靠近海泊河入海口的湾口内水域和湾口的凹处水域是底层 Cr 的高沉降区域。因此，在胶州湾的湾口水域，Cr 的来源和特殊的地形地貌决定了 Cr 的高沉降区域。

第 21 章　胶州湾水域铬迁移的规律和过程及形成的理论

*153*

### 21.2.3　1982 年研究结果

根据 1982 年的胶州湾水域调查资料，分析重金属 Cr 在胶州湾水域的含量现状和水平分布。研究结果表明：在整个胶州湾水域，一年中 Cr 含量（0.24～9.76μg/L）都达到了国家一类海水水质标准（50.00μg/L），水质没有受到任何 Cr 的污染。在胶州湾水域有两个来源：地表径流的输入和陆地河流的输入。在近岸水域，输入的 Cr 的含量为 0.24～2.42μg/L；在河流的入海口水域，输入的 Cr 的含量为 0.24～9.76μg/L。

根据 1982 年的胶州湾水域调查资料，分析重金属 Cr 在胶州湾水域的垂直分布和季节变化。研究结果表明：在胶州湾西南沿岸水域的表层水体中，Cr 含量从春季开始，上升到夏季的高峰值，然后下降到秋季。Cr 含量的变化主要由雨量的变化来确定，且 Cr 含量较低。在空间尺度上，6 月的表层水体中铬水平分布，在时间尺度上，4 月、7 月和 10 月，铬含量随着时间的变化，都证实了这样的迁移过程。因此，在表层水体中铬含量随着远离来源在不断地下降，同样，在表层水体中，铬含量随着来源含量的减少在不断地下降。

### 21.2.4　1983 年研究结果

根据 1983 年的胶州湾水域调查资料，研究重金属 Cr 在胶州湾水域的含量现状和水平分布。结果表明：在整个胶州湾水域，一年中 Cr 含量（0.13～4.17μg/L）都符合国家一类海水水质标准（50.00μg/L），水质没有受到任何 Cr 的污染。在胶州湾水域，Cr 的高含量主要来自娄山河和李村河的河流输送，其输入的 Cr 的高含量为 3.78～4.17μg/L。因此，胶州湾水域中 Cr 含量的来源只有唯一的河流输送，其输送的 Cr 是持续和稳定的。

根据 1983 年的胶州湾水域调查资料，研究重金属 Cr 在胶州湾的湾口底层水域的含量现状和水平分布。结果表明：5 月、9 月和 10 月，在胶州湾的湾口底层水域，Cr 含量的变化范围为 0.06～1.58μg/L，都符合国家一类海水水质标准（50.00μg/L）。这揭示了 Cr 在垂直水体的效应作用下，水质没有受到任何 Cr 的污染。在胶州湾的湾口水域，5 月、9 月和 10 月，在水体中的底层都出现了 Cr 的较高含量区（0.99～1.58μg/L）。由于这里水域的水流速度很快，因此，Cr 的较高含量区的出现表明了水体运动具有将 Cr 含量聚集的过程。

根据 1983 年的胶州湾水域调查资料，研究在胶州湾的湾口表层、底层水域，表层、底层 Cr 含量的季节分布、水平分布趋势、变化范围以及垂直变化。结果表明：在胶州湾湾口水域，Cr 的表层、底层含量由低到高的季节变化为春季、夏季、秋季。Cr 含量的季节变化中，河流输送 Cr 含量的变化决定了 Cr 表层含量的变化，也决定了 Cr 底层含量的变化。在胶州湾的湾口水域，5 月、9 月和 10 月，揭示了以下规律：随着时间的变化，Cr 含量在表层、底层的变化是一致的；Cr 含量在表层、底层沿梯度的变化趋势是一致的；Cr 含量在表层、底层保持了相近，在表层、底层 Cr 含量具有一致性；湾口水域一直产生了底层 Cr 的高含量区域。

# 21.3　铬的产生消亡过程

## 21.3.1　含量的年份变化

根据 1979～1983 年（缺 1980 年）的胶州湾水域调查资料，研究 PHC 在胶州湾水域的含量大小、年份变化和季节变化。结果表明：1979～1983 年（缺 1980 年），在早期的春季胶州湾受到 Cr 含量的中度污染，而到了晚期，春季胶州湾没有受到 Cr 含量的任何污染。在夏季、秋季，一直保持着胶州湾没有受到 Cr 含量的任何污染，在 Cr 含量方面，水质非常清洁。在胶州湾水体中的 Cr 含量在春季相对较高，夏季含量比较低，秋季更低。在胶州湾水体中 Cr 含量逐年在减少，而且，Cr 含量减少的幅度在早期比较大，而在晚期 Cr 含量减少的幅度比较小。因此，1979～1983 年（缺 1980 年），胶州湾受到 Cr 含量的污染在减少，水质在变好。向胶州湾排放的 Cr 在减少，使得胶州湾水域的 Cr 也在逐渐减少。

## 21.3.2　污染源变化过程

据 1979～1983 年（缺 1980 年）的胶州湾水域调查资料，分析 Cr 在胶州湾水域的水平分布和污染源变化。确定了在胶州湾水域 Cr 污染源的位置、范围、类型和变化特征及变化过程。研究结果表明：1979～1983 年（缺 1980 年），在胶州湾水体中，Cr 来源于河流，即 Cr 的高含量污染源来自于海泊河、李村河和娄山河，其 Cr 含量范围为 4.17～112.30μg/L。Cr 污染源的变化过程出现两个阶段：1979 年和 1981 年，Cr 的污染源为中度污染；1982 年和 1983 年，Cr 含量的污染源为轻微污染，这可用两个模型框图来表示，这展示了 Cr 污染源的变化过程。在这个变化过程中，Cr 污染源的含量、水平分布和污染源程度都发生了变化。然而，唯一不变的是 Cr 的输入方式：河流。作者提出了物质的扩散规律，这个规律包括了三个阶段和相应的三个模型框图。

### 21.3.3　陆地迁移过程

根据 1979～1983 年（缺 1980 年）的胶州湾水域调查资料，分析在胶州湾水域 Cr 含量的季节变化和月降水量变化。研究结果表明：在空间分布上，整个胶州湾水域，向近岸水域输入 Cr 含量并不是由河流的流量来决定，而主要是由人类的排放来决定，这展示了铬在陆地的迁移过程：经过地面水和地下水都将铬的残留量汇集到河流中，Cr 含量最后迁移到海洋的水体中。Cr 含量在陆地的迁移就揭示了河流的输送。在时间尺度上，胶州湾河流的铬含量由人类排放量的大小来决定。在胶州湾水体中，铬含量的变化展示了其季节变化是不明显的。因此，在胶州湾水体中 Cr 含量的季节变化由陆地迁移过程所决定。Cr 的陆地迁移过程出现三个阶段：①人类对 Cr 的冶炼、生产和使用；②Cr 沉积于土壤和地表中；③河流和地表径流把 Cr 输入到海洋的近岸水域。由此用模型框图展示了：Cr 从生产到地表和土壤由人类来决定，从土地到海洋由河流输送。这样，在胶州湾的水体中 Cr 含量的变化就是人类向河流排放的 Cr 含量来决定的。随着铬的消费量在逐年增加，可是，人类向环境排放的 Cr 却在逐年减少。这揭示了人类增强环保意识，加大环境保护的力度。

### 21.3.4　沉　降　过　程

根据 1979～1983 年（缺 1980 年）的胶州湾水域调查资料，分析在胶州湾水域 Cr 含量的底层分布变化。研究结果表明：在胶州湾的底层水体中，底层分布具有以下特征：1979～1983 年（缺 1980 年），在胶州湾的底层水体中，4～11 月（缺少 6 月、7 月），在胶州湾水体中的底层 Cr 含量变化范围为 0.03～3.78μg/L，符合国家一类海水水质标准。这表明在 Cr 含量方面，4～11 月（缺少 6 月、7 月），在胶州湾的底层水域，水质清洁，完全没有受到 Cr 的任何污染。Cr 含量经过了垂直水体的效应作用，呈现了在胶州湾的底层水域 Cr 含量的低值变化范围比较稳定，变化比较小。在胶州湾的底层水域，随着时间变化，在春季，在湾口底层水域，Cr 含量在大幅度减少。夏季，在底层水域，Cr 含量在逐渐增加。在胶州湾的底层水域，水体中 Cr 的底层含量由低到高的季节变化为秋季、夏季、春季。这展示了在胶州湾的底层水域，Cr 含量随着一年的季节变化在逐渐减少。通过 Cr 含量的水域沉降过程，Cr 含量在胶州湾的底层水域展示了 Cr 的高含量区：①在湾外的东部近岸底层水域；②在海泊河入海口的近岸底层水域；③在湾中心的近岸底层水域；④在胶州湾的湾口底层水域。因此，经过水体的 Cr 含量沉降到海底，

Cr 的来源和特殊的地形地貌决定了 Cr 的高沉降区域。这个过程表明了 Cr 在迅速地沉降，并且在底层具有累积的过程。

### 21.3.5　水域迁移趋势过程

根据 1979～1983 年（缺 1980 年）的胶州湾水域调查资料，研究表层、底层 Cr 含量的水平分布趋势，作者提出 Cr 含量的水域迁移趋势过程。这个过程分为三个阶段：①Cr 开始沉降；②Cr 大量沉降；③Cr 停止沉降。在这个过程中揭示 Cr 含量具有迅速的沉降，并且具有海底的累积，这充分表明时空变化的 Cr 含量迁移趋势。Cr 含量的水域迁移趋势过程强有力地确定了：在时间和空间的变化过程中，表层的 Cr 含量变化趋势、底层的 Cr 含量变化趋势及表层、底层的 Cr 含量变化趋势的相关性。并且作者提出 Cr 含量的水域迁移趋势过程模型框图，说明 Cr 经过的路径和留下的轨迹，预测表层、底层的 Cr 含量水平分布趋势。

### 21.3.6　水域垂直迁移过程

根据 1979～1983 年（缺 1980 年）的胶州湾水域调查资料，研究在胶州湾水域表层、底层 Cr 含量的变化及其 Cr 含量的垂直分布。结果表明，1979～1983 年（缺 1980 年），胶州湾水体中，表层、底层 Cr 含量的变化范围的差，正负值不超过 1.00μg/L，这表明 Cr 含量的表层、底层变化量基本一样。而且 Cr 含量的表层含量高的，其对应的底层含量就高；同样，Cr 的表层含量比较低时，对应的底层含量就低。这展示了 Cr 含量沉降是迅速的，而且沉降是大量的，沉降量与含量的高低相一致。作者提出了 Cr 含量的绝对沉降量、相对沉降量和绝对累积量、相对累积量。并且计算得到，Cr 的绝对沉降量为 0.30～2.18μg/L，Cr 的相对沉降量为 62.5%～92.8%；Cr 的绝对累积量为 0.37～1.84μg/L，Cr 的相对累积量为 681.4%～1336.3%。随着时间的变化，Cr 含量的相对沉降量和相对累积量都是非常稳定的。作者确定了 Cr 含量的表底层的变化是由河口来源的 Cr 含量高低和经过迁移距离的远近所决定的，并且提出了 Cr 含量的水域迁移过程中出现的三个阶段。因此，Cr 含量的表层、底层变化量以及 Cr 含量的表层、底层垂直变化都充分展示了：Cr 具有迅速的沉降，而且沉降量的多少与含量的高低相一致；Cr 经过了不断地沉降，在海底具有累积作用。这些特征揭示了 Cr 含量的水域垂直迁移过程。

# 21.4 铬的迁移规律

## 21.4.1 铬含量的空间迁移

根据 1979～1983 年（缺 1980 年）对胶州湾海域水体中 Cr 含量的调查分析[3~9]，展示了每年的研究结果具有以下规律。

（1）通过人类对 Cr 的使用，胶州湾水域中的 Cr，主要来源于河流的输送。

（2）随着时间的变化，水体中 Cr 经历了由不均匀到均匀的变化过程。

（3）主要由人类的活动来决定河流的 Cr 含量。

（4）Cr 的较低含量区的出现表明了水体运动具有将 Cr 发散的过程。

（5）Cr 含量在表层、底层的变化量范围基本一样，Cr 含量在表层、底层的变化保持了一致性。

（6）Cr 含量在表层、底层保持了相近，在表层、底层 Cr 含量具有一致性。

（7）在时空变化过程中，河流输送的 Cr，都是从表层穿过水体，来到底层。

（8）Cr 的来源和特殊的地形地貌决定了 Cr 的高沉降区域。

（9）在表层水体中 Cr 随着远离来源在不断地下降，同样，在表层水体中铬含量随着来源含量的减少在不断地下降。

（10）人类活动带来的 Cr 含量大于河流输送的随季节变化的 Cr 含量。

（11）Cr 的较高含量区的出现表明了水体运动具有将 Cr 含量聚集的过程。

（12）Cr 含量几乎没有季节变化，无论 Cr 含量高值还是 Cr 含量低值都没有季节变化。

（13）Cr 具有迅速的沉降，而且沉降量的多少与含量的高低相一致。

（14）Cr 经过了不断地沉降，在海底具有累积作用。

（15）Cr 呈现了污染、净化、又污染、又净化的反复循环的过程。

（16）在胶州湾水体中 Cr 含量逐年在减少。

（17）胶州湾的底层水域，水质清洁，完全没有受到 Cr 的任何污染。

（18）在胶州湾的底层水域 Cr 含量的低值变化范围比较稳定，变化比较小。

（19）随着时间变化，Cr 的相对沉降量和相对累积量都是非常稳定的。

（20）Cr 含量的表底层的变化是由河口来源的 Cr 含量高低和经过迁移距离的远近所决定的。

因此，随着空间的变化，以上研究结果揭示了水体中 Cr 含量的迁移规律。

### 21.4.2　铬含量的时间迁移

根据 1979～1983 年（缺 1980 年）对胶州湾海域水体中 Cr 含量的调查分析[3~9]，展示了 5 年期间的研究结果：1979～1983 年（缺 1980 年），在胶州湾水体中 Cr 含量在一年期间的变化非常大。在早期的春季胶州湾受到 Cr 的中度污染，而到了晚期，春季胶州湾没有受到 Cr 的任何污染。在夏季、秋季，一直保持着胶州湾没有受到 Cr 的任何污染。随着时间的变化，人类逐年在减少 Cr 的排放，使得胶州湾水域的 Cr 含量也在逐渐减少。通过胶州湾沿岸水域的 Cr 含量变化，展示了 Cr 污染源的变化过程。通过人类对 Cr 的大量使用，展示了 Cr 的陆地迁移过程：主要由人类的排放来决定河流输送的 Cr 含量。这样，在胶州湾的水体中 Cr 含量的变化就是人类向河流排放的 Cr 含量来决定的。虽然铬的消费量在逐年增加，可是，人类向环境排放的 Cr 却在逐年减少。通过 Cr 含量的沉降过程，展示了经过水体的 Cr 沉降到海底，Cr 含量的来源和特殊的地形地貌决定了 Cr 含量的高沉降区域。这个过程表明了 Cr 含量在迅速地沉降，并且在底层具有累积的过程。通过 Cr 含量的水域迁移趋势过程，展示了 Cr 含量经过的路径和留下的轨迹，预测表层、底层的 Cr 含量水平分布趋势。通过 Cr 含量的垂直迁移过程，展示了 Cr 具有迅速的沉降，而且沉降量的多少与含量的高低相一致；Cr 经过了不断地沉降，在海底具有累积作用。通过 Cr 的迁移过程，阐明了 Cr 的变化和分布的规律及原因。

因此，随着时间的变化，以上研究结果揭示了水体中 Cr 含量的迁移过程。

## 21.5　物质的迁移规律理论

### 21.5.1　物质含量的均匀性理论

当有 Cr 的输入时，在水体中就出现了 Cr 含量的分布是不均匀的。当没有 Cr 的输入时，在水体中就出现了 Cr 的分布是均匀的。随着时间的变化，水体中 Cr 含量经历了由不均匀到均匀的变化过程。这揭示了在海洋中的潮汐、海流的作用下，使海洋具有均匀性的特征。因此，作者提出了《物质在水体中的均匀性变化过程》。作者认为，海洋使一切物质都在水体中具有均匀性，并且使一切物质在水体中向均匀性的趋势进行扩散运动。

## 21.5.2　物质含量的环境动态理论

作者提出了物质含量的环境动态值的定义及结构模型，并且确定了该模型的各个变量：物质含量的基础本底值、物质含量的环境本底值、物质含量的输入值以及物质含量的环境动态值。于是，就可以确定物质含量在水域中的变化过程、变化区域及结构变量，为制定物质含量在水域中的标准以及划分物质含量在水域中的变化程度都提供了科学依据。在胶州湾水域，Cr含量的基础本底值、Cr含量的环境本底值及Cr含量的输入值，构成了Cr含量在胶州湾水域的环境动态值。这样，就确定了胶州湾水域Cr含量变化过程及变化趋势。因此，根据作者提出的物质含量的环境动态值的定义及结构模型，就可以制定Cr含量在水域中的标准以及划分物质含量在水域中的变化程度。

## 21.5.3　物质含量的水平损失量理论

作者提出了物质含量的水平损失速度模型，以及物质含量的水平绝对损失速度和物质含量的水平相对损失速度的定义和计算。该模型揭示了物质含量在水平面上的迁移过程中，单位距离的损失量。物质含量的水平绝对损失速度表明单位距离的绝对损失量，物质含量的水平相对损失速度表明单位距离的相对损失量。由此，作者提出的物质水平损失量的规律：对于同一种物质和同一种水体，这个单位距离的相对损失量是稳定的、恒定的，那么物质含量的水平相对损失速度对于同一物质和水体是相同的、相近的。根据物质含量的模型，计算结果表明，5月，在胶州湾东部，水体中表层Cr从北部的近岸向中部方向，每移动1km，其含量下降13.92μg/L；Cr从中部的近岸向南部的湾口方向，每移动1km，其含量下降2.80μg/L。水体中表层Cr的含量从北部的近岸向南部的湾口方向，Cr含量的水平相对损失速度值为杨东方数12.40～14.77。这也证实了作者提出的物质水平损失量的规律。

## 21.5.4　物质含量的水域迁移趋势理论

研究表层、底层物质含量的水平分布趋势，作者提出物质含量的水域迁移趋势过程。这个过程分为三个阶段：①物质含量开始沉降；②物质含量大量沉降；③物质含量停止沉降。在这个过程中揭示物质含量具有迅速的沉降，并且具有海底的累积，这充分表明时空变化的物质含量迁移趋势。物质含量的水域迁移趋势过程强有力地确定了：在时间和空间的变化过程中，表层的物质含量变化趋势、底层的物质含量变化趋势及表层、底层的物质含量变化趋势的相关性。并且作者提出物质含量的水域迁移趋势过程模型框图，说明物质含量经过的路径和留下的轨迹，预测表层、底层的物质含量水平分布趋势。表层、底层 Cr 含量的水平分布趋势的研究，证实了作者提出的物质含量的水域迁移趋势过程。

### 21.5.5　物质含量的水域垂直迁移理论

根据在胶州湾水域表层、底层物质含量的变化及其物质含量的垂直分布。作者提出了物质含量的垂直迁移模型，包括了绝对沉降量、相对沉降量和绝对累积量、相对累积量。定量化地展示了物质含量的水域垂直迁移过程，揭示了随着时间的变化，物质含量的相对沉降量和相对累积量都是非常稳定的。确定了物质含量在表底层的变化是由河口来源的物质含量高低和经过迁移距离的远近所决定的，表明了物质含量的水域迁移过程中出现的三个阶段。因此，通过物质含量的垂直迁移模型，计算得到，Cr 的绝对沉降量为 0.30～2.18μg/L，Cr 的相对沉降量为 62.5%～92.8%；Cr 的绝对累积量为 0.37～1.84μg/L，Cr 的相对累积量为 681.4%～1336.3%。由此阐明了物质含量的水域垂直迁移过程的主要特征。

# 21.6　结　　论

根据 1979～1983 年（缺 1980 年）的胶州湾水域调查资料，在空间尺度上，通过每年 Cr 含量的数据分析，从含量大小、水平分布、垂直分布、季节分布、区域分布、结构分布和趋势分布的角度，研究 Cr 含量在胶州湾海域的来源、水质、分布以及迁移状况，得到了许多迁移规律的结果。

根据 1979～1983 年（缺 1980 年）的胶州湾水域调查资料，在时间尺度上，通过 1979～1983 年（缺 1980 年）的 4 年 Cr 含量数据探讨，研究 Cr 含量在胶州湾水域的变化过程，得到了以下研究结果：①含量的年份变化；②污染源变化过程；③陆地迁移过程；④沉降过程；⑤水域迁移趋势过程；⑥水域垂直迁移过程。展示了随着时间变化，Cr 含量在胶州湾水域的动态迁移过程和变化趋势。

根据 1979～1983 年（缺 1980 年）的胶州湾水域调查资料，通过物质六六六（HCH）、石油（PHC）、汞（Hg）、铅（Pb）、铬（Cr）在水体中的迁移过程的研究，作者提出了物质理论：①物质含量的均匀性理论；②物质含量的环境动态理论；③物质含量的水平损失量理论；④物质含量的水域迁移趋势理论；⑤物质含量的水域垂直迁移理论。展示了物质在水体中的动态迁移过程所形成的理论。

这些规律、过程和理论不仅为研究 Cr 含量在水体中的迁移提供结实的理论依据，也为其他物质在水体中的迁移研究给予启迪。

在工业、农业、城市生活的迅速发展中。人类大量使用了 Cr。于是，Cr 污染了环境和生物。一方面，Cr 污染了生物，在一切生物体内累积，而且，通过食物链的传递，进行富集放大，最后连人类自身都受到 Cr 毒性的危害。另一方面，Cr 污染了环境，经过河流和地表径流输送，污染了陆地、江、河、湖泊和海洋，最后污染了人类生活的环境，危害了人类的健康。因此，人类不能为了自己的利益，不要既危害了地球上的其他生命，反过来又危害到自身的生命。人类要减少对赖以生存的地球排放和污染，要顺应大自然规律，才能够健康可持续的生活。

## 参 考 文 献

[1]  http://epaper.jinghua.cn/html/2016-09/20/content_335428.htm 广州检出韩国进口锅重金属铬等物质超标_京华时报.

[2]  杨东方, 苗振清. 海湾生态学(上册). 北京: 海洋出版社, 2010: 1-320.

[3]  杨东方, 高振会. 海湾生态学(下册). 北京: 海洋出版社, 2010: 1-330.

[4]  杨东方, 高振会, 孙静亚, 等. 胶州湾水域重金属铬的分布及迁移. 海岸工程, 2008, 27(4): 48-53.

[5]  Yang D F, Wang F Y, He H Z, et al. Study on the vertical distribution of Cr in Jiaozhou Bay . Applied Mechanics and Materials, 2014, 675-677: 329-331.

[6]  Yang D F, Zhu S X, Wang F Y, et al. The distribution and content of Chromium in Jiaozhou Bay. Applied Mechanics and Materials , 2014, 644-650: 5325-5328.

[7]  Yang D F, Zhu S Z, Wang F Y, et al. Study on the source of Cr in Jiaozhou Bay. 2014 IEEE workshop on advanced research and technology industry applications. Part D, 2014: 1018-1020.

[8]  Yang D F, Zhu S X, Sun Z H, et al. Aggregation process of Cr in bottom waters in Jiaozhou Bay. Advances in Engineering Research, 2015: 1375-1378.

[9]  Yang D F, Zhu X F, Yang X Q, et al. The stable and continuous source of Cr in Jiaozhou Bay. Advances in Engineering Research. 2015: 1383-1385.

[10]  Yang D F, Wang F Y, Sun Z H, et al. Vertical distribution and settling pool of Chromium in the bay mouth of Jiaozhou Bay. Materials Engineering and Information Technology Application. 2015: 562-564.

[11]  Yang D F, Chen Y, Gao Z H, et al. Silicon limitation on primary production and its destiny in Jiaozhou Bay, China IV Transect offshore the coast with estuaries. Chin J Oceanol Limnol, 2005, 23(1): 72-90.

[12]  杨东方, 王凡, 高振会, 等.胶州湾浮游藻类生态现象. 海洋科学, 2004, 28(6): 71-74.

[13]  国家海洋局. 海洋监测规范. 北京: 海洋出版社, 1991.

# 致　　谢

细大尽力，莫敢怠荒，远迩辟隐，专务肃庄，端直敦忠，事业有常。

——《史记·秦始皇本纪》

此书得以完成，应该感谢北海监测中心主任姜锡仁研究员以及北海监测中心的全体同仁；感谢上海海洋大学的副校长李家乐教授；感谢贵州民族大学的书记张学立教授和校长陶文亮教授。是诸位给予的大力支持，并提供良好的研究环境，成为我科研事业发展的动力引擎。

在此书付梓之际，我诚挚感谢给予许多热心指点和有益传授的高振会教授和苗振清教授，使我开阔了视野和思路，在此表示深深的谢意和祝福。

许多同学和同事在我的研究工作中给予了许多很好的建议和有益帮助。在此表示衷心的感谢和祝福。

《海岸工程》编辑部：吴永森教授、杜素兰教授、孙亚涛老师；《海洋科学》编辑部：张培新教授、梁德海教授、刘珊珊教授、谭雪静老师；*Meterological and Environmental Research* 编辑部：宋平老师、杨莹莹老师、李洪老师。在我的研究工作和论文撰写过程中都给予许多的指导，并作了精心的修改，此书才得以问世，在此表示衷心的感谢和深深的祝福。

今天，我所完成的研究工作，也是以上提及的诸位共同努力的结果，我们心中感激大家、敬重大家，愿善良、博爱、自由和平等恩泽给每个人。愿国家富强、民族昌盛、国民幸福、社会繁荣。谨借此书面世之机，向所有培养、关心、理解、帮助和支持我的人们表示深深的谢意和衷心的祝福。

沧海桑田，日月穿梭。抬眼望，千里尽收，祖国在心间。

杨东方

2016 年 3 月 7 日